政邦
书库

城市的角色

访谈四季

高明勇 ◎ 著

City

华中科技大学出版社
http://press.hust.edu.cn
中国·武汉

寻找与故乡的连接点

高明勇

作为一个资深爱书人，漂泊在故乡之外二十多年，客居北京也有十四五年光景。疫情之前，每次春节返乡，我总会不自觉地在随身的行李中塞几本带有乡村体温的书。记得带过程章灿老师的《旧时燕：一座城市的传奇》，带过莫砺锋老师的《浮生琐忆》，带过梁鸿的《中国在梁庄》，带过熊培云的《一个村庄里的中国》，带过十年砍柴的《进城走了十八年》，带过潘采夫的《十字街骑士》，带过阎连科的《我与父辈》，带过郑大华的

《民国乡村建设运动》，带过李景汉的《定县社会概况调查》，此外还带过一些民间的村史或家谱，试图以熟悉的陌生人视角，重新打量自己若干年前生活过的地方。

每次总有新看法，但每次也总有叹息，故乡注定是我们的一种"人生病"，每次匆匆记录的点点滴滴，仿若为这种的病历又写下了几行。有时说"老家"，有时说"家乡"，有时说"家里"，有时说"故土"，但写作时，我还是习惯于写为"故乡"。

前些年，父亲刚退休后，我一直鼓励他写点回忆性的文字，以私人记录的形式观照这些年的大时代变革，虽然他几乎没发表过文字，这样的文字哪怕只有"家庭史"的记忆色彩，依然有非凡的价值。

我对梁启超、胡适所倡导的承接"自传"的传统素来推崇，自己也有所践行，潜意识中对别人的传记也更为关注。就我个人而言，从小在农村长大，伴随着饥饿的童年回忆，包括亲人的叮嘱在内，自己的人生目标就是"进城"，摆脱农活，逃离农村，远离农民，告别农业——这几乎是那个年代所有农村青年的梦想。就像路遥笔下《平凡的世界》中的孙少平，《人生》中的高加林，进城的梦想是相似的，不同的梦想路径又有不同的人生苦痛。从这个角度说，独特的个人记忆与这个国度的共同记忆之间又形成了某种张力和呼应。

所以，在故乡、阅读与个人史之间寻找与故乡的"连接点"，又是一番滋味。学者陈平原在新作《故乡潮州》中，开篇就是《如何谈论"故乡"》，将故乡细分为乡音、乡土、乡愁与乡情。他认为，谈论乡土，最好兼及理智与感情，超越"谁不说俺家乡好"，拒绝片面的褒扬与贬抑，在自信与自省之间，保持必要的张力。

就近年的私人阅读史，我择取四位老友的四本书，作为四个与故乡的"连接点"，作为打开故乡的四种方式。

春读"乡史"，宜读"学者之文"，如熊培云《一个村庄里的中国》，研究中国，从"打捞乡村"开始；

夏读"乡恋"，宜读"评论家之文"，如伍里川《河流与柴火》，柴火堆积成垛，乡愁逆流成河；

秋读"乡亲"，宜读"作家之文"，如韩浩月《世间的陀螺》，为故乡的亲人立传；

冬读"乡思"，宜读"思想家之文"，如陈平原《故乡潮州》，在洋铁岭下，风景的再现。

春读"乡史"：研究中国，从"打捞乡村"开始

平素读书，我喜欢两种方法：其一，纵向阅读，搜集同一作者的相关作品，从其"书写史"的角度出发；其二，横向阅读，搜集同一主题的相关书籍，从自己"阅读史"的角度出发。

读熊培云《一个村庄里的中国》时，我专门从书架上抽出新旧几本书：莫言的《我的高密》、北岛的《城门开》、曹锦清的《如何研究中国》和郑大华的《民国乡村建设运动》。同时还回顾熊培云的"书写史"。他的目光从"国"（《思想国》）到"社会"（《重新发现社会》）再到"村庄"（《一个村庄里的中国》），从宏观走向微观，从抽象走向具体，从星空走向土地，笔触从灵魂到灵魂居所。

纵横交叉的阅读之旅，既有联想之魅，又不无跳跃之美。

北岛在《城门开》中说："我要用文字重建一座城市，重建我的北京——用我的北京否认如今的北京。"熊培云则是在用文字重建一个乡村，重建他的小堡村——用他的小堡村否定如今的小堡村。

熊培云说，没有故乡的人寻找天堂，有故乡的人回到故乡。这本书或许意味着，他仍在"天堂"与"故乡"之间游荡。

他认为最真实最值得信赖的历史，不是在某个广场上的振臂一呼，不是某个主义的从此流行，不是一场血腥战争的名字，而是无数具体小人物的具体命运。我理解的是，他提出了一个"如何研究中国"的实验文本。

因此，对熊培云提出的"保卫乡村"，我认为"打捞乡村"更妥帖。虽然数年前提出的"底层沦陷"不无悲怆之感，但"记忆遗忘"或许更让人痛心。"保卫"是指面临改变，而"打捞"是指已然改变，熊培云的"乡村之旅"，我更愿意称为"打捞乡村"的公民自觉行动。

那么，熊培云历时十年打捞出了什么？

或许，印象深刻的是他故乡的"方尖碑"——两棵古树，一棵是立于村南晒场上的被人拐卖的古树，一棵是自家被伐走的枣树；以及重返故乡时发现的他和同龄农村青年相似的刻骨铭心的童年，和史无记载、坊无流传的"布水寺大屠杀"。

当然，被"打捞"出来的，远不止这些，熊培云的"雄心"是"打捞"一个村庄里的中国，关注具体人的命运，认识脚下的土地，"谋求一个村庄乃至一个国家的改变"。

恒心比雄心更重要。所以，可以看到，他从容地讲解着另一个我们不知道的中国。在这里，有董时进，曾上书反对土改政策，组建中国农民党，被遗忘的"中国'三农'问题第一人"；有被称为"狗日的户口"的户籍戒严政策的前世今生；有影响一时的关于农民"李四喜思想"的大讨论；有在"真理大讨论"之前两年撰写过《真理的标准只能是社会的实践》的被判处死刑的赣南学生李九莲①；有渐行渐远渐无影的近百年前高级知

———————

① 李九莲于 1980 年获得平反。

识分子晏阳初、梁漱溟、李景汉、陶行知等人"捧着一颗心来"的"回到农村"运动；有当年"日本佬"如蝗虫过境的民间叙事。

费孝通曾感叹，"关注社会生态，而没有重点去关注社会心态"。我相信熊培云是明晓这一感喟的，因为在进入他构建的村庄史后，我才发现，他"打捞"出更多的是我们或许已熟悉而陌生的"追问"：城乡不平等的起源何在？无权无势者如何抵抗？为什么要有乡镇精神？地方如何记忆？

如莫言所说，放眼世界文学史，大凡有独特风格的作家，都有自己的一个"文学共和国"。

小堡村之于熊培云，不仅是"敝帚自珍"，更是在"诠释时代"。从"小堡村史"，到"中国乡村史"，再到"中国社会心态史"，从三个层面对乡村进行"打捞"。他所谓的写作方法层面的"三通主义"（事件上打通，地理上打通，理性和感性打通），其实就是一种"打捞"，超越时空隧道，超越乡村羁绊，探求乡村的秘密和农民的隐情，寻找确切的答案。

十年砍柴说，《进城走了十八年》，或许这个时间足以到达目的地，而"回家"，用一生的时光都未必能抵达。

我们时而"身在异乡为异客"，时而"身在故乡为异客"，在"异乡"与"故乡"之间游荡。

春天，万物萌发，老树新芽，适合读"乡史"，寻觅遗失在白纸黑字，打捞散落在田野草莽，考证掺杂在野史笔记，捡拾在残垣断壁的乡村记忆。

夏读"乡恋"：柴火堆积成垛，乡愁逆流成河

至若夏日，绚烂夺目，适合读"乡恋"，而评论家的书写，往往让人感触到炽热情感背后的一丝坚硬与冰冷。

每个人心中，都有一个故乡。或存在于念念于兹的真实世界，或存在于切切于心的精神空间。

有的人看重物理意义的故乡，故土难离，故人难分，故事难忘，即便年少轻狂背井离乡，终愿落叶归根。有的人看重精神意义的故乡，故乡是心灵的城堡，故乡是灵魂的图腾，故乡是精神的家园，更多时候，故乡是一团化不开的情愫，只存活在记忆与想象之中。

浮云游子意，落日故人情。

夏日读伍里川的非虚构作品《河流与柴火》，一丝凉意，一丝暖流：游子归来，少年不再，痴心却难改；身在故乡，常思异乡，此情如浮云。

一度，河流与柴火是生活的日常之物，十分普遍，河流更多生南方，柴火更多长北国。时下，河流多有干涸，柴火亦不多见。

文学角度观之，"河流"是文学的意象，"柴火"是生活的象征。《河流与柴火》封面选自伍里川摄影作品，柴火散落于河流之上，色调冷峻，略显悲凉。

伍里川，是一个像河流名字的笔名，其本名刘方志，另有笔名"费十年"。

伍里川，取名于"五里川"，是一个地名，位于河南五里川镇，五里川河，五里川盆地；更重要的是，这是伍里川的生命版图中一个极为重要的地标。

伍里川，南京江宁人。少小入行伍，转业返故乡，报业十数载，时有杂文名。他没有读过大学，曾在军营十年，期待走上文字之路。

伍里川写诗歌，字里行间按捺不住诗性；喜篆刻，如匠人般终日把玩；爱踢球，常奔跑于绿茵赛场；尤善评论，一手写辛辣时评，世间百态皆入笔端，一手写隽永杂文，嬉笑怒骂都可成篇。

军旅生涯对他影响至深。走路挺胸收腹，虎虎生风，说话快言快语，正直爽快。

文如其人，其文干脆利落，简洁有力：无八股文风之端庄规整，无学院为文之书袋痕迹，文字更多是从生活中炼出的，有命运跌宕的磨炼，有生活多艰的锤炼，有文字驾驭的修炼，有人生况味的提炼。笔名"费十年"，可见一斑：费力奔波十年，常感浪费十年。

江宁是刘方志物理意义的故乡，精神意义的故乡在河南那个叫"五里川"的地方，那里寄存着他的青春、梦想与情感。一本写故乡故土故人故事的非虚构散文集，署名用的是异乡飘荡的地名，耐人寻味。

评论家伍里川笔下的故乡叙事，是一个个鲜活的细节，细节背后隐藏着的是他极为克制的问题意识：《消失的村庄》《愤怒的柴火和无地自"容"的故乡》《村史达人》《村庄之死》《你我的故乡，都不会再来》……从标题可以想见一位游子归来对故乡的失落与迷失的锥心之痛。但这种痛，并非直接以"愤怒"出现，就像《听我韶韶》的主持人吴晓平在序言中所说，伍里川学会了"武侠高手的绵里藏针"。

《和一棵树永别》，写的是自己家里的一棵蜡梅树，因拆迁而出卖，因出卖而悔恨，虽有"她凭啥要被我们出卖"的困惑，却发出"我竟然没有在永别的边缘，拉她一把。这终究会令我抱憾终身"的慨叹。

以游子之心看故乡，乡愁是游子的避风港；以评论之笔写故乡，故乡是评论的古战场，即以挑剔的眼光反思故乡，以初恋的炽热拥抱故乡。

正如托马斯·沃尔夫所说："认识自己故乡的办法是离开它；寻找到故乡的办法，是到自己心中去找它，到自己的头脑中、自己的记忆中、自己的精神中以及到一个异乡去找它。"

抑或，在伍里川"非虚构"的文学世界里，柴火堆积成垛，炊烟袅袅于四合；乡愁逆流成河，悲欢杳杳已成歌。

秋读"乡亲"：为故乡的亲人立传

秋天，常常想起儿时在故乡参与秋收的场景，故乡的亲人们起早贪黑，来去匆匆，只为多收三五斗。然人如蝼蚁，命若秕谷。时光荏苒，不过一二十年光景，物是人非，当用作家敏感的笔触去记录他们的点点滴滴时，他们的形象才能"立"起来。

2018年冬天，我和弟弟分别从外地回到故乡，参加外婆的葬礼。来去匆匆，葬礼当天上午有两三个小时的时间空当，就想着回我们自己的村子里看看荒废了几年的老宅。

路途倒不远，不过五六公里，只是刚刚落雪，四下雾气，自然无法坐车，就决定徒步。带着乡亲们不解的眼光，在雪地里一个多小时的小心翼翼，两个"冰花男孩"竟然在村子前面的麦地里迷路了。

这让我们弟兄两个都很沮丧，尽管天公不作美，不容易辨识道路，但这毕竟是我们生活了将近二十年的故乡。

在故乡的麦田里迷路，应该是漂泊一代的真实隐喻——对于故乡而言，漂泊者是熟悉的陌生人。

当时，收到韩浩月"写给亲人、故乡和远去的旧时光"的《世间的陀螺》，读完我有点重新认识韩浩月的感觉。

正如赠语所写："故乡是杯烈酒，不能一饮而尽。"他写"去看油菜花的父亲"，写"远方的母亲"，写"被坏话包围的爷爷"，写"传奇的六叔"……不管写谁，这些"一生所爱的山河故人"，都让人走进了一位作者的隐秘世界，哦，原来，你所熟悉的朋友曾这样生活着。尤其是，他对生命细节的记录，对生命记忆的执着，对生命关系的真诚，都让人感动。

长期以来，浩月在公众视野中给大家的形象，是影评家、时评家、情感专栏作者。这本"故乡书"，则更多是以作家的名义对故乡生命印记的观察。

客观地讲，读这本《世间的陀螺》时，我甚至有些羡慕的成分。为故乡的亲人立传，一直是我想做而未来得及做的事情。和浩月比，除了才情与勤奋，我可能还差一个叫作"灵子"的编辑。

漂泊者与故乡的纽带，其实是很微妙的。亲人在时，故乡是春节；亲人去后，故乡是清明。纽带的中枢，是"亲人"。可是，这些故乡故人，生命如此脆弱，也是如此容易遗忘。

有一段时间，我曾和父亲一起追溯家谱，重新编写，想借此了解家族的起源与传承、身边亲人在这个家族谱系上的节点；再往前推，我持续关注村史写作，一个村庄的生长史，承载了太多的恩怨情仇、喜怒哀乐和个体与家庭的跌宕命运。

其实，对于游子来说，打开故乡有很多种方式。

比如，我喜欢的同乡作家阎连科，他在《北京，最后的纪念》中，记录"一把铁锨的命运""一张锄的新生命"，观察"一畦芹菜的生长史""一棵丝瓜的前缘今生""榆树下的小白菜"，追忆"一棵失去的槐树""一条找不到家的土著狗"，篇篇写的都是自己漂泊的异乡风物，可是字里间全都是游子对无法排解的乡愁的念叨。

比如熊培云，通过"一个村庄里的中国"，你能看到这些年一个国家的前行巨轮，在一个小小村落里的零落车辙。

比如作家梁鸿，作为文学研究者，采取社会调查的方式，又用文学的笔触写出了梁庄里的中国和走出梁庄的中国。

还有老友伍里川，出走多年的游子，"一本写故乡故土故人故事的非虚构散文集，署名用的是异乡飘荡的地名，耐人寻味"。

如果我来写故乡，我会选择为故乡的亲人立传。就像浩月这本书的推广语："一代漂泊者的复杂乡愁、亲情困境与人生际遇，从故乡的逃离者、批判者到回归者，以至真至诚，直面一生所爱，深沉追忆时间深处的山河故人。"

我的写作素材库里，收藏了不少关于亲人的追忆材料和特定意象。

关于奶奶，有"三个干橘子"的故事，关于大姑、大姑父，有六封信的追念。还有执拗如牛又憨厚真诚的二姑父，嗜烟如命但待人亲善的三姑父，善良一生的二姑、三姑、四姑……在故乡，除了亲人，似乎没有谁还记得；即便是亲人，很多时候，除了名字和生命中的点滴，也没有什么会被铭记。我的写作计划中，一直想写一本书，书名是《麦田里的教育》，向父亲以及父辈致敬，是的，从小到大，所有的家教，所有的童年，所有的动力，几乎都来自麦田。

正如诗人海子在《麦地》里写道："我们是麦地的心上人，收麦这天我和仇人，握手言和，我们一起干完活，合上眼睛，命中注定的一切，此刻我们心满意足地接受。"和笔下故乡的亲人一样，我们都是"世间的陀螺"。

冬读"乡思"：在洋铁岭下，风景的再现

冬天的北京，天寒地冻，风硬如刀。游子与故乡之间的藕断丝连，更是在故乡与异乡的时空转换中杂糅在一起，就像冬日打在屋檐下墙壁上那一缕阳光，穿过历

经风雪的枝枝杈杈，挤过那苦寒透骨的冷风，仍有暖意在心头。

此时打开陈平原先生的《故乡潮州》，不由得陷入深思——他不仅"六看家乡潮汕"，还思考"如何谈论'故乡'"，不仅记录"洋铁岭下"的"在家生活"，还主持梳理"故乡人文"的《潮汕文化读本》。

之前，我曾邀请陈平原先生参与一期"政邦茶座"，我说看他很喜欢周作人的一句话："我的故乡不止一个，凡我住过的地方都是故乡。"（《故乡的野菜》）这句话很容易让人联想到苏轼的一句词："试问岭南应不好，却道，此心安处是吾乡。"

我问他，北京和潮州，哪个更容易让自己"心安"，或者说，是不同年龄阶段的"心安处"？

陈平原先生回答说："为家乡潮州写一本书，这念头是最近五六年才有的。这一选择，无关才学，很大程度是年龄及心境决定的。年轻时老想往外面走，急匆匆赶路，偶尔回头，更多关注的是家人而非乡土。到了某个点，亲情、乡土、学问这三条线交叉重叠，这才开始有点特殊感觉。"

对他来说，这个时候谈论"故乡"，既是心境，也是学问。具体说来，在一个虚拟世界越来越发达、越来越玄幻的时代，谈论"在地"且有"实感"的故乡，不纯粹是怀旧，更包含一种文化理想与生活趣味。

值得注意的一点，年轻时，作为北京大学教授，陈平原倡议成立"北京学"；在退休的年龄和心境，他被聘为暨南大学潮州文化研究院首任院长兼学术委员会主任，着力推动"潮州学"（"潮学"）。

曾有论者指出，理想化的知识分子生活，应该是少年赋诗，中年治学，晚年修志。且不论合理与否，至少这也是从一些主要知识分子的经历中"提炼"出来的。从"北京学"到"潮州学"，正是从异乡到故乡的心路历程的投射。

或许正是因为，"眼皮底下的日常生活，以及那些蕴含着历史、文化与精神的习俗，因习焉不察，容易被忽视"，陈平原才致力于构建一个"纸上的潮汕"，这也是在"压在纸背的心情"之外，呈现出"铺在纸面的思索"。

他在《如何谈论"故乡"》一文中说:"我儿时生活在汕头农校,那是在洋铁岭下,在少年的我看来,潮州就是了不起的城市了。只要是远走他乡,即便从小生活在大都市的,也都会有乡愁。"

洋铁岭下,不仅保存着他儿时的记忆,也是"千古文人侠客梦"的出发地。在这里,"风景的发现"——何人、何时、何地、因何缘故发现此处"风景殊佳",绝对是一门学问。在理智与感情、自信与自省的权衡之后,陈平原的落脚点不无"建设性",兼具"国际视野"与"故乡情怀":如何突破小潮州的格局,从大潮汕的角度思考与表达。

作为思想家,陈平原与故乡的"连接点",则是如何"认识脚下的土地",在洋铁岭下"风景的发现"——发现儿时遗忘的风景,发现今天变化的风景,发现未来潜在的风景。并旨在希望这些"发现"在一代又一代的潮汕人身上传承下去,不断丰富这些风景。

关注故乡,在不同的季节时间,有不同的书写方法,也有着不同的打开方式。每一种方式,都是在寻找与故乡的"连接点"。

代序 寻找与故乡的连接点 高明勇 /1

目录

第一辑

看不见的
城市

城市要学会平衡"看得见的
业绩"与"看不见的精神" /2
陈平原 | 北京大学博雅讲席教授

用"南京三书"编译
城市性情密码 /20
程章灿 | 南京大学古典文献研究所
所长

重读南京这座城市的
更深层本质 /33
张光芒 | 南京大学文学院教授

文学之于城市是
记忆和日常生活的细节 /54
何 平 | 南京师范大学文学院教授

南京是座
一言难尽的城市 /69
薛 冰 | 原南京市作家协会副主席

第二辑

看得见的
生活

写作"慈行"就是
为苍生说人话 /96
徐迅雷｜杭州日报首席评论员

"接诉即办"真正实现
向互动性治理转变 /117
李文钊｜中国人民大学公共管理
学院教授

别把韧性城市当作
绝对概念 /136
张明斗｜东北财经大学经济学院
副教授

"巴适"应该成为
一种生活的理想 /152
曾 颖｜著名作家，媒体人

故乡是一个人退无可退的
收留地 /163
韩浩月｜专栏作家，影评人

第三辑

被遮蔽的
理想

为什么要重视城市的
烟火气 /180
何艳玲 | 中国人民大学公共管理
学院教授

城市竞争的关键是
"以生活留人" /203
陆 铭 | 上海交通大学中国发展
研究院执行院长

强与弱：舆论世界的
"0"和"1" /236
邹振东 | 厦门大学人文与艺术高等
研究院执行院长

九华山与名士相互成全，
靠山怎么"吃山"？ /256
尹文汉 | 九华山文化研究中心主任

更关心"北漂"类标签
遮蔽下的人的尊严 /282
黄西蒙 | 青年作家，资深媒体人

第四辑

被遗忘的
传统

创办世界一流大学不能是
"自娱自乐" /310
方延明｜南京大学新闻传播学院
首任院长

"历史浓度"决定了
每个人一生的价值 /324
十年砍柴｜知名文史作家

"危机感"让我重走
西南联大路 /336
杨　潇｜青年作家，媒体人

从历史中发掘
现实的影子 /361
郑小悠｜国家图书馆副研究馆员

今天我们如何
做父母 /375
张贵勇｜专栏作者，中国教育报
副编审

看不见
的
城市

陈平原

北京大学
博雅讲席教授

城市要学会平衡

"看得见的业绩"与

"看不见的精神"

北京大学陈平原教授自 2021 年 9 月 16 日被聘为暨南大学潮州文化研究院首任院长兼学术委员会主任以来，关于潮州文化、城市文化的论述沿袭其一贯的风格，妙语连连，金句不断：

小城的魅力，在于其平静、清幽、精致的生活方式。

一座城市的真正魅力，在于"小巷深处，平常人家"。

有好作家的城市，真的是有福的。

……

自从 1994 年 9 月 16 日在《北京日报》刊发《"北京学"》以来，陈平原教授"一直关注以北京为代表的都市建设、都市生活、都市文化以及都市书写"。尽管他也十分清楚，"当下中国学界之谈论都市，制约你思考的，除了国家大政方针以及自家的学术理想，还包括地方政府的发展需要，以及开发商的利益诉求。"

印象中，这是我第五次与陈平原教授的正式访谈。

第一次是2008年，围绕改革开放三十年的思潮变迁，更多的是把他作为思想史研究学者，他提出"经过了三十年，我们与世界思潮同步"。

第二次是2010年，北京大学中文系百年系庆，他当时是中文系主任，我们探讨的是"中文百年，我们拿什么来纪念？"访谈时我既把他视为中文系负责人，也把他当作文学研究者。

第三次是2011年，为纪念清华大学百年校庆，《新京报》推出了"清华百年纪念特刊"，那时他还担任香港中文大学讲座教授，作为教育研究者，他提出"对于大学来说，理想状态是，既有国际视野，也讲本土情怀"。

第四次是2012年，当时他还有个身份是"中山大学北京校友会会长"，围绕校友捐赠的话题，他认为"大学更应关注普通校友的'小捐'"。

本期政邦茶座，我想和他谈谈"城市/都市"，谈谈"都市记忆与文化想象"背后的城市众生相，谈谈"看得见的风景与看不见的城市"背后的城市窘境与魅力。

高明勇：您说"当初进入（都市文化）这个领域，本就是带着强烈的问题意识"，从文学研究转到城市文化研究，这个跨度且不说研究难度，仅从研究群体的关注概率上看，相信也不会很高，我想知道您所说的这个问题意识的立足点是什么？

陈平原：我最初关注都市文化，其实是在延伸文学史的思考。也就是《想象都市》开篇所谈论的"中国文学史有待彰显的另一面相"。一部中国文学史，就其对于现实人生的态度而言，约略可分为三种倾向：第一，感时与忧国，以屈原、杜甫、鲁迅为代表，倾向于儒家理想，作品注重政治寄托，以宫阙或乡村为主要场景；第二，隐逸与超越，以陶潜、王维、沈从文为代表，欣赏道家观念，作品突出抒情与写意，以山水或田园为主要场景；第三，现世与欲望，以柳永、张岱、老舍为代表，兼及诸子百家，突出民俗与趣味，以市井或街巷为主要场景。如此三分，只求大意，很难完全坐实，更不代表对具体作家的褒贬。如果暂时接受此三分天下的假设，你很容易发现，前两者所得到的掌声，远远超过第三者。

有朝一日，我们对历代主要都市的日常生活场景"了如指掌"，那时再来讨论诗人的聚会与唱和、文学的生产与知识的传播，以及经典的确立与趣味的转移，我相信会有不同于往昔的结论。这么思考问题，其实是受近年考古学突飞猛进以及历史学的"文化转向"的刺激。了解这一点，就很容易明白我的趣味与局限性：虽也关注"政治的城市""建筑的城市""经济的城市"，但立足点依然在"文学的城市"。以读书人（而非专门家）的状态，讲述与阐释我的"都市想象与文化记忆"，目标是兼及学科建设与社会批评，可惜因精力过于分散，两边都没真正做好。

高明勇： 如果从 1994 年发表的《北京学》开始，您关注城市文化也有近三十年的时间了，回头看的话，您认为自己的研究能概括为"城市软实力"吗？

陈平原： "软实力"是哈佛大学教授约瑟夫·奈（Joseph Nye）首创的概念，原指综合国力的重要组成部分，如政治制度、文化价值、国家形象等，主要是区别于那些看得见、摸得着的经济以及军事等"硬实力"。这个概念被套用到城市上，必须做很多转化，比如"城市软实力"并不包括政治制度与外交策略，只局限在文化建设、科教实力、人文精神、城市风格等方面。我主要关注"文学的城市"（而非"经济的城市"），一定要分类，称其侧重"城市软实力"当然也可以。不过，我自己写文章，不会用这个词。

高明勇： "城市软实力"该如何评判？能提升吗？

陈平原： "硬实力"不必发声，只有弱者才需要整天呐喊。为了提升所谓的"城市软实力"，学者们殚精竭虑，设计大类小类、名目繁多的各种指标，采用材料填报、入户调查以及网络投票等方式，其实都有很大的局限性。不说自娱性质的"最幸福的城市""最怕老婆的城市""最具软实力的城市"等，即便各部委或专业学会颁发的金字招牌，也都只能"姑妄听之"。我曾在演讲中介绍美国评选"最有文化的城市"，某媒体想尝试做，我告知难度太大，因数据收集不易，更因牵涉官员政绩，担心浮夸与造假。

在收入《想象都市》的《看得见的风景与看不见的城市》中，我曾提到："不同于人均 GDP，'幸福感'很难测算，但普通民众脸上的笑容非常直观。上下班时刻，让电视镜头对准大街上匆匆走过的民众，看他们的表情是轻松愉快，还是冷漠麻木，或者忧心忡忡，就能大致明白这座城市的幸福感。"你会质疑，没有统计数字支撑的"描述"，怎么能相信呢？那我只好对你的善良报以微笑。

高明勇：通读您关于城市的作品，有一个印象，您似乎想在"茶余酒后的鉴赏"与"正儿八经的研究"之间寻找某种平衡，但又一直在反思，"做城市研究而不够专注，著述体例芜杂只是表象，关键是内心深处一直徘徊在书斋生活与社会关怀之间。之所以采用两套笔墨，背后是两种不同的学术思路：在与学界对话的专著之外，选择了杂感，也就选择了公民的立场，或者说知识分子的责任。"现在退休后，继续关注城市，还会有这种"纠结"吗？

陈平原：若是官员，退休前后发言的姿态及立场很可能天差地别；我不是官员，且现在仍然在岗，我的纠结主要不是"位置"，而是"兴趣"与"能力"。兴趣太广，精力分散，讨论"城与人"的关系，或描述"都市想象与文化记忆"，那还勉强可以，若深入探究具体的城市规划与社会管理，则超出我的视野及能力了。

在一个专业分工越来越细的社会，读书人在体现社会关怀与尊重专业知识之间，必须保持必要的张力。能说、敢说，还得会说。要让人家听得懂，且愿意听下去，而不仅仅是表现你的勇敢或睿智。

高明勇：我看您很喜欢引用周作人的一句话："我的故乡不止一个，凡我住过的地方都是故乡。"（《故乡的野菜》）这句话很容易让人联想到苏轼的一句词："试问岭南应不好，却道，此心安处是吾乡。"以您为例，北京和潮州，哪个更容易让自己"心安"，为什么？或者说是不同年龄阶段的"心安处"？

陈平原：我 1984 年秋北上求学，此后便在北京安营扎寨了。相比故乡潮州，我在京生活的时间更长，且事业大都在此展开。你一定要问哪个更让我"心安"，毫无疑问，应该是奋斗、崛起以及收获掌声的地方。

我在商务印书馆出版了随笔集《故乡潮州》，《后记》里说："为家乡潮州写一本书，这念头是最近五六年才有的。这一选择，无关才学，很大程度是年龄及心境决定的。年轻时老想往外面走，急匆匆赶路，偶尔回头，更多关注的是家人而非乡土。到了某个点，亲情、乡土、学问这三条线交叉重叠，这才开始有点特殊感觉。"对我来说，这个时候谈论"故乡"，既是心境，也是学问。具体说来，在一个虚拟世界越来越发达、越来越玄幻的时代，谈论"在地"且有"实感"的故乡，不纯粹是怀旧，更包含一种文化理想与生活趣味。

高明勇：您在《"五方杂处"说北京》中谈到"北京学"研究的规划时说，"原来的计划是，退休以后，假如还住在北京，那时我才全力以赴。"现在您已经退休了，还住在北京，还会"全力以赴"吗？如果"全力以赴"，会有什么样的创意和设想？

陈平原：从第一次在北大开设专题课"北京文化研究"，到现在已经二十年了。在这期间，我曾变化题目，讲了一次"都市与文学"，感觉不太理想。因为，按目前的学科设置，这"北京学"横跨地理、历史、文学、艺术、建筑等，好像谁都可以插一脚，可又谁都不太把它当回事。我曾写过一篇短文，其中说道："你在北大（或北京某大学）念书，对脚下这座城市，理应有感情，也理应有较为深入的了解。可惜不是北大校长，否则，我会设计若干考察路线，要求所有北大学生，不管你学什么专业，在学期间，至少必须有一次'京城一日游'——用自己的双脚与双眼，亲近这座因历史悠久而让人肃然起敬、因华丽转身而显得分外妖娆，也因堵车及空气污染而使人郁闷的国际大都市。"（《对宣南文化的一次"田野考察"》，《北京日报》 2012 年 5 月 21 日）

趁着还没退休，还有开课的权利与义务，下学期我约请了城环学院的唐晓峰、历史系的欧阳哲生以及中文系的季剑青，我们四人通力合作，为北大本科生及研究生开设"北京研究"专题课。若能成功，以后希望能变成常设课程。让每一个北大学生都有了解北京这座城市以及"北京学"进展的可能性，这比我个人撰写一部有关北京的专著更有意义。

高明勇：去年您被聘为暨南大学潮州文化研究院首任院长兼学术委员会主任，是否意味着继"北京学"之外再开创"潮州学"？如果开创"潮州学"，难处在哪？

陈平原："潮州学"早就有了，不待我来开创。1993 年 12 月，经饶宗颐先生倡议，由香港中文大学发起和主办，在港举行了第一届国际潮州学研讨会。这里所说的潮州，是个历史概念，包含今天的汕头、潮州、揭阳三市，以及汕尾、梅州两市的部分地区。为了避免纷争，今天学界更倾向于使用"潮学"的概念。我在暨大"潮人潮学"公众号的"开场白"中称："注重溯源的，可叫'潮州文化'；关注当下的，则是'潮汕文化'；希望兼及古今，那就'潮人潮学'。"

名称不太重要，关键是要有打得响、过得硬的研究成果。无论"北京学"还是"潮州学"（"潮学"），我都只是敲边鼓，无力扛大旗或冲锋陷阵。有幸出任暨大潮州文化研究院的首任院长，规划了若干事项，其中最用心的是编纂《潮学集成》。有感于近年地方文化研究热潮汹涌，但学术水平不高，重复出版严重的问题，我邀请了二十位对潮学有兴趣且学业专精的朋友，分语言、文学、历史、戏曲/音乐、华侨/海外潮人、教育、思想/宗教、美术/工艺、民俗/饮食、文献整理等十卷，站在学术史的高度，选编百年来的精彩文章，借此总结该领域的发展线索及现状，为年轻一辈确立标杆，也为后来者指示方向。

高明勇： 我留意到您 2002 年时就提到过，"如果我当北京市旅游局局长，第一件事便是组织专家，编写出几种适应不同层次读者需求的图文并茂的旅游手册。"

转眼二十年过去了，在国内有没有遇到过符合您的趣味或标准的"旅游手册"？会为潮州编写吗？

陈平原：设想的既可读又有文化品位的"旅游手册"，必须多方合力，而非纯粹的商业操作或政府行为。最近这些年，各地政府都很重视形象塑造，出版了不少印制精美的宣传册子。可惜的是，这些书大都正襟危坐，不太好读。经过层层审批，体现领导意志，承担太多功能（包含招商引资），这样的图书，很容易让普通读者（比如游客）敬而远之。

这是"供给方"的问题，至于"需求方"，也因网络发达、检索方便，变得更加挑剔了。实用性知识一查就有，精美图片也不稀奇；最为紧要的，反而是描摹世态人生，挖掘文化潜能，呈现精神境界，凸显文字魅力。这需要专家的学养与文人的笔墨，又切忌"高大上"。便携、可读、实用、精致且有文化韵味，这样的"旅游手册"，不是很好写的。不在其位，不谋其政，目前我没有为北京或潮州撰写旅游手册的计划。

高明勇：时过境迁，文旅环境也发生很大变化，"旅游局"也改成了"文化和旅游局"，您今天想对文旅局领导们说什么话？

陈平原：过去有句口号，叫"文化搭台，经济唱戏"；我主张反过来，应该是"经济搭台，文化唱戏"——今天做不到，将来必须如此。因为，发展经济的最终目的，是实现大众的丰衣足食以及幸福安康；而是否幸福，文化是个重要指标。

一个花钱大手大脚，一个赚钱锱铢必较，这天性不同的"文化"与"旅游"，很容易步调不一致。当领导的，须学会平衡"看得见的业绩"与"看不见的精神"。一把手好办，因为那都是你的业绩；分管的可就麻烦了，如何设计评价标准与激励机制，考验领导的智慧。站着说话不腰疼，我不敢瞎出主意的。

高明勇：您关于"研究方法的北京"，是您"五方杂处"（旅游手册、乡邦文献、历史记忆、文学想象、研究方法）中的最后一种"面孔"，发表的时候是 2002 年，时隔二十年，关于都市的"研究方法"，是否形成了一个相对成熟的体系？

陈平原： 这就说到了我的痛处，二十年前一时夸口，至今没能实现。谈不上"相对成熟的体系"，只是深刻体会到，同样谈城市（即便仅涉及文化建设），专家、官员与文人，各有其立场、趣味与合理性。其中的张力，值得仔细玩味。既拒绝随风飘移，也警惕一叶障目，清醒地意识到自己的价值与局限性。这样才能管控好情绪，不至于像坐过山车，一会儿过分亢奋，一会儿极端沮丧。

接受采访时，常有人夸我在学问上"不断开拓疆域、引领风气"，我却真诚反省，人的精力有限，不可能在很多领域都做出大的贡献。有的我真下了功夫，如小说史研究、学术史研究以及教育史研究，业绩还可以；有的却很不理想，比如城市研究。之所以还在坚持，大半是为了我的学生。我希望学生们不只是在老师的天地里腾挪趋避，所以预先开出若干可能的路径，他们凭自己的兴趣，有人走东，有人奔西，将来会比我走得更远。假如只是把自己的题目或阵地经营得特别精彩，学生们全都被笼罩在你的大旗底下，那不是一个好老师。

高明勇：您也专门提到"谁为城市代言"的问题，提出了官员、明星、外国人、作家以及民间自发代言五种情况，从文章来看，您应该是更欣赏作家和民间代言，但现实来看，不少城市还是选择明星的居多，希望关联记忆、快速提升城市的知名度，您有什么具体建议吗？"代言问题"是否无解？

陈平原：请明星为城市代言，那明摆着是花钱打广告，我不喜欢。广告的功能是推销商品，只要不违反相关法律，卖得出去，且短期内不被退货，那就是成功。城市的形象塑造，比推销商品要复杂得多，不可能这么直截了当的。极而言之，凡能一手交钱一手交货的，都不是好的"城市代言"——无论是正面的宣传，还是反面的删帖。

相反，不是因为金钱的缘故，某个特定时刻，一个温馨动人的背影，一场不期而遇的欢聚，一首缠绵悱恻的民歌，都可能让城市迅速蹿红——说不定还名垂青史呢。这些，靠的是平日的文化养育，水到渠成，而不是花钱买来的。当然，还有我此前说过的，"有好作家的城市，真的是有福的"。

高明勇： 就您的研究来看，之前关注较多的是北京、西安、开封等历史古城，那么对那些非著名城市，如何提升自身的"软实力"？

陈平原： 其实我关注的不仅仅是这三座历史名城，在《六城行——如何阅读/阐释城市》中，我借助某个特殊机缘，在"比较城市学"的视野中，阅读了北京、天津、上海、香港、台北、广州这六座中国比较重要的城市。而在《看得见的风景与看不见的城市》中，我谈中小城市的改造方案，限于见闻，举的例子是甘肃的临夏市、山西的大同市以及广东的潮州市。当然，还是得承认，到目前为止，我没能力研究更多"非著名城市"。

有感于"最近二十年，随着经济实力提升，各种有形的文化设施（图书馆、博物馆、音乐厅、剧院等），如雨后春笋般出现；容易被忽视的，是城市的文化性格与文化精神。今日中国，东西南北以及特/大/中/小城市之互相抄袭（所谓'千城一面'），很大程度是因其对自己城市定位失焦，把握不准，缺乏文化上的自觉与自信"，2019 年年底，我向中央文史研究馆建议："由中央文史研究馆牵头，各地政府文史研究馆参加，中央和地方文化旅游、教育研究、城乡建设等相关部门和单位协助，共同编写'城市读本'。这将是贯通政府、学界、民众的机构编写的一套有精神、可阅读、能传播的'城市读本'，目的是帮助各城市建立自己的形象、品格与精神。"建议案的最后，有这么一句："若领导支持，我愿意投入。"口头发言时，现场反应极佳，但一个月后，新冠疫情暴发，议案理所当然地被搁置了。

　　人生苦短，能做的事情其实不多。刚好大河在你脚下转弯，你跟不上，或不愿意跟，那就只能"孤帆远影碧空尽，唯见长江天际流"了。

程章灿

南京大学
古典文献研究所所长

用"南京三书"编译

城市性情密码

就像人一样，每座城市都应该有自己的灵魂，有自己的性情，有自己的气质，有自己的私密，有自己的历史，有自己的故事。然而，并非每一座城市都如此幸运，能摆脱有意或无意的"千城一面"。更何况，也不是每个人都能真正读懂一座城市。

一个人，四十年，三本书，"读懂一座金陵城"。这就是著名文史学者程章灿教授，他用文学的方式，构建了一座纸上的南京城，字里行间游览胜境古迹，笔墨游走编织典故传说。

本期政邦茶座，邀请到程章灿教授，听他讲讲一个人的"金陵四十八景"。

高明勇：《山围故国》《潮打石城》这两个书名来自刘禹锡的诗句"山围故国周遭在，潮打空城寂寞回"。历朝历代关于南京的诗句多不胜数，您又从事古典文学研究，选择刘禹锡的诗句做书名，除了个人喜好，是否有特别的考虑？

程章灿：我的"南京三书"的书名，《山围故国》《潮打石城》以及《旧时燕》，确实都来自刘禹锡的诗句。

从写作的先后顺序来说，这三本书中最早的其实是《旧时燕：文学之都的传奇》（以下简称《旧时燕》）。《旧时燕》中的文章，最初是作为专栏系列，刊登于凤凰出版社的《古典文学知识》之上，那是将近 20 年前的事了。专栏的名称叫作"城市传奇"，后来结集出版的时候，才改名为《旧时燕》。

再后来，出版《山围故国：旧闻新语读南京》时，也想到好几个书名，最后确定还是刘禹锡诗中的这四个字比较有文采，合我的意。

到了《潮打石城》一书出版的时候，很明显它是《山围故国》的姐妹篇，所以仍取刘禹锡的诗句，只不过把"潮打空城"改为"潮打石城"。

为什么不直接用"潮打空城"呢？大概是因为我不喜欢那个"空"字。在刘禹锡那个时代，建康作为"江南佳丽地，金陵帝王州"的六朝古都，六代繁华皆已成空，而在我看来，六朝古都建康并不是一座空城，历代众多的文人诗人对城市的书写吟咏，使这座城市的历史文化内涵越来越充实了。

我把"潮打空城"改成"潮打石城"是有意的，不仅要借书名直接点明本书的主题，也是为了突出我与刘禹锡不同的观察和书写的立足点。

我在硕士和博士阶段学习的都是中国古代文学专业，非常喜欢读唐诗。历史上以"金陵怀古"为主题的诗作汗牛充栋，这个主题基本上可以说是由唐代诗人开创的，并逐渐形成了一个悠久深厚的文学传统。

在唐代诗人中，李白、刘禹锡、杜牧、许浑、韦庄等都有"金陵怀古"的诗，传诵很广。刘禹锡的《金陵五题》可能最为脍炙人口，为最多读者所知。在书名中借用刘禹锡的诗句，很容易将读者带入那样一种苍茫幽远的历史文化氛围中去，或许有助于书的推广。

总之，"南京三书"的书名都出自刘禹锡的诗，并不是一开始就有这样的计划，而是殊途同归，有一定的偶然性。但是，如果深挖我个人的阅读记忆，也许可以说，这个偶然性之中还是有必然性的。

高明勇：您说"南京三书"的系列文章是自己的读书笔记，我看切入点都具体而真切："惟小是务，不知其馀""细小的陈迹和旧事，没有宏大，也不时尚"，是出于写作的需要，还是对史实的理解，越具体越接近真实？

程章灿：没错，"南京三书"就是我的读书笔记，也可以说，就是我阅读南京这座古都的笔记。

从 1983 年算到今年，我在南京已经居住生活了 40 年，每天都与这座城市相对，每天都在读这座城市，相看两不厌，惟有南京城。

具体说来，作为读书笔记的"南京三书"可以分为两种。《旧时燕》是一种，《山围故国》《潮打石城》是另一种。前者一共 24 篇，我称之为"金陵二十四景"，是模仿"金陵四十八景"的。每篇文章写上四五千字，有一个比较集中的主题，集合了不少与主题相关的故事，更像是读书随笔。

后者每书各收五十几篇，我称为"旧闻新语"，是仿效《世说新语》的。这里面的文章大多数是两三千字，有的更短一些，谈一些城市文化掌故，不管是人事，还是名胜古迹，都是有故事的。

每个城市都有很多掌故，中国人本来就喜欢谈掌故，可惜往往陈陈相因，缺少新意。我这两本书中的掌故，不少来自我的读书心得，那些掌故被我发掘出来，并且重新作了叙述阐释。

总而言之，"南京三书"的故事和叙述角度，都是"惟小是务，不知其馀"。夸大一点说，这就是我的叙述策略。我以为，只有小，才能具体，只有具体，才能真切。没有一个大是可以离开小和具体的，因小见大，就是我的追求。

高明勇：我看您对文学与城市的关系非常看重。记得十五年前，我们谈论这个话题时，您说"我期望换一个角度，从文学的诉说中，从文化的图景里，看一看城市的形象"，"每座城市都有许多典故，有很多传奇，有很多故事；这是城市文化精魂的凝缩，是城市的根。数典述祖，就是城市的文化寻根。"这个评价是非常高的，今天南京也将"文学之都"作为城市标签，回头再看这个定位，有什么新想法吗？

程章灿：我看重文学与城市的关系，从很早就开始了。我小时候生活在农村，在乡村长大，上大学之后，才开始进入城市生活，也走过国内外不少城市，其中包括不少历史文化名城，对城市与文学以及历史的关系很感兴趣。

我在南京生活了四十年，除了要了解这个城市的自然地理环境，也想更多地了解这个城市的历史文化。从我的专业出发，最方便的就是从文学与城市、历史与城市的角度，来了解这座城市。

三十多年来，六朝文学一直是我最为关注的一个研究领域，住在六朝古都，研究六朝文学，也不能不关注"六朝文学与南京"这样一个专题。南京的名胜古迹很多，有关六朝文化的胜迹，例如栖霞山、鸡鸣寺、凤凰台、六朝陵墓及其石刻，等等，都特别引人注目。在南京研究六朝文学，有得天独厚的地方，比如，可以实地寻访六朝胜迹，发思古之幽情，还可以增加很多现场感。实际上，读者们很容易就会发现，《旧时燕》二十四篇中，关于六朝南京的内容就占了一大半。

2019 年，南京被评为"世界文学之都"，这是中国第一座入选"世界文学之都"的城市。南京对中国文学的突出贡献，是历史的事实，是客观的存在。以往人们不一定那么重视南京的文学传统，非专业圈内的读者，更少谈论"文学与南京"这样的话题，自 2019 年以来，这个情况有所改变。对于南京来说，对于"文学与南京"的专业研究者来说，这当然是一件好事。

高明勇： 今天南京在提的"文学之都"的内涵，和您理解的"文学与城市"的关系契合吗？

程章灿： 南京被贴上"世界文学之都"这个新的标签之后，南京及其文学传统引起了国人乃至全世界人们更多的关注。更多的人，从更多的角度，以更多的形式，围绕更多的主题，来谈论"文学南京"这个话题，有越来越热之势 。回想起 1998 年，我就曾在南京大学开设过"文学南京"的专题选修课，那个时候谈论这个话题的人不多，真不免有今昔热冷之对比。

很多人未必知道，联合国教科文组织评选"世界文学之都"，是基于其"全球创意城市"评选计划，也就是说，南京被评上"世界文学之都"，不仅靠的是南京悠久的文学历史与深厚的传统，也不仅靠南京古往今来许多文人作家、批评家、学者对于中国文学所作的巨大贡献，更基于南京当今以及未来的文化建设与创造能力。

我个人觉得，贴上"世界文学之都"这个标签之后，我们重新来看南京及其文学，不仅要从"世界"的角度来看南京，还要从文化创意的角度来看南京的文学。从这个新的角度来重新审视南京，视野会更加开阔，思考也会更深一些。我个人也有这方面的自觉，有朝一日，我也许会把阅读和研究中产生的这些新的思考写出来。

高明勇： 之前曾有论者认为南京是"悲情之城""悲伤之城"，您如何理解这种说法？除了一些重大历史事件，是否与南京的文学作品中不少是悲情的色调有关？

程章灿： 每一座历史文化名城，都有漫长曲折的历史，都难免经历过战争和其他的天灾人祸，城市也难免遭受破坏，留下残缺之美，给人以沧桑之感。我觉得，了解历史，理解城市的文化，是城市发展前行的动力之一，但不必一味沉浸在历史的荣耀或者悲伤之中，那是不利于城市的发展前行的。

高明勇： 您好像喜欢用"城市的性情"这个说法，说如果要评选最古雅、最有文学性情的城市，您愿意投南京一票。如果简要提炼南京的城市性情，您会怎么说？

程章灿：我现在依然认为，南京是一座古典而优雅的、有文学格调的城市，除了这两点，我还想说一点。南京大学的校训是"诚朴、雄伟、励学、敦行"八个字，我觉得，南京这个城市的性情，也可以用"诚朴"这两个字来概括。从这一点来看，南京这座城市与这座城市最有名的大学之间，可以说是性格同构的。

高明勇：我知道您二十世纪八十年代在北大读历史，那您认为北京的"城市性情"又是什么？

程章灿：我在北京大学读本科，从 1979 年到 1983 年，前后只待了四年时间，时间太短。加上那时候岁数小，平常大多待在校园里，没有到处跑，去过的地方也少，读的书也少，还没有真正对北京这个城市发生兴趣，就离开北京了。毕业后虽然也去北京， 2000 年以后去得多一些，但每次都是匆匆来去，谈不上对北京的了解，对于北京的城市性情，更是说不上什么来。

高明勇：您的经历让我想起北大的陈平原老师，他在文学研究之余，也对城市的历史、记忆与想象投入不少的精力，专门提出了"北京学"，之前也有人提出过"南京学"的说法，您怎么看待"北京学""南京学"？

程章灿：像北京、南京这样富有历史文化内涵的城市，都应该加强研究，除了"北京学""南京学"，还应该有"西安学""洛阳学""苏州学"，等等。关于南京学，我所知道的，有一个"南京城市文化研究会"，还有一本《南京学研究》的杂志，由南京出版社出版。

谈到这个问题，最应该提到南京出版社。多年以来，南京出版社组织出版的"南京稀见文献丛刊"以及"金陵全书"等，投入大量人力物力，对南京学文献展开了大规模的整理，做出了突出的贡献。以南京学研究文献整理为基础，集合文学、历史、考古、地理、地质、建筑等学科的专业研究人才，从各个方面推动、深化南京学研究，这是很有必要的。

南京学任重道远，方兴未艾。近年来，叶兆言的《南京传》、薛冰的《南京城市史》等，可以说是南京学研究的可喜成果。希望未来有更多的学者、作家和媒体人士参与到南京学研究中来，更好地普及和推广南京学研究的成果。

高明勇：这几年关于城市的传记流行起来，比如叶兆言的《南京传》，包括一些海外城市的传记，比如《巴黎传》等，您有没有关注过？您如何看待城市的传记热？

程章灿：城市传记的写作与出版，确实有渐趋流行之势。关于《南京传》，实际上不只有叶兆言写的一种，至少我还知道另一种，不过，我只读过叶兆言的《南京传》，很好看，另一本则没有读过。此外，我还读过《伦敦传》，很厚的一本，内容也很充实，只是可读性差一点。

我觉得，每座城市都需要有自己的传记，名城尤其不可缺少，像南京这样的历史文化名城，可以有好几本传记，各有不同的写法，各有不同的视角，这样才能满足不同读者的知识需求和阅读需要。但是，城市传记不好写，要兼顾知识性、系统性和可读性，就更难了。有此意的作者和出版家，大家一起努力吧。

张光芒

南京大学
文学院教授

重读南京这座城市的

更深层本质

　　"批评家必须足够敏锐、专业，具有工匠精神，必须发现那些作家自己都未必意识到的东西，必须看出一般读者看不出的隐秘问题，必须发掘作品中那些指引人上升的精神力量。"一年前，在一场关于文艺评论的研讨会上，著名评论家、南京大学张光芒教授如此给"批评家"下定义。

　　如果用这个"标准"，去看待自己生活的城市，去看待自己研究的对象，能看出哪些"隐秘问题"？结合新作《南京百年文学史》《晚清以来中国"社会启蒙"文学思潮史》，本期政邦茶座邀请到张光芒教授，一起谈谈城市、文学与"社会启蒙"。

高明勇：张老师好，我知道您一直从事现当代文学研究，看到您出版的《南京百年文学史》，还是有些惊喜。这几年南京在获选"世界文学之都"后，其"文学标签"也越发凸显，可以说文学是南京的一个城市软实力。您是如何看待文学与城市的关系的？

张光芒：如果把城市比喻成一个人的身体，那么文学便是这个身体的气质风度、血脉底蕴、个性特征与精神样貌。城市与城市文学的关系完全是有机的和不可分的。

高明勇：特别是对于南京来说，您对南京的文化定位与他人相比是否有显著的差别？

张光芒： 如何定位处于长江下游、矗立江边的南京及南京文化，以前有几种流行的和常见的角度与定位，我对这些定位的准确性是存有一定疑虑的，同时也有意寻求针对南京的更加有效的途径。以前的这几种角度分别是强调古都之"古"、京城之"京"、江南之"南"。

在中国，走遍南北，不难发现，以"京"命名的城市只有两座，即北京和南京。"京"意即"国都"，以现在来看，北京之京是首都，南京之京是古都。近年来南京提出的城市发展愿景亦定位于"创新名城，美丽古都"。从这个角度来说，从古都与今都的区别上来定位南京的特点似乎不无道理，而且这也很自然地会突出南京这座城市独特的地位与影响力。人们常用"六朝古都""十朝都会"来指称南京、赞誉南京，也是这一原因。然而，要真正读懂一座城，一定要触及它最深处的灵魂，找准它独一无二的性格与特质。古都之说尚未抵达这座城市的灵魂精髓，至少说，古都之誉对于南京来说是不够的。毕竟，首都北京同时也是古都。除此之外，古都也不只有南京，洛阳、西安、开封等亦属著名古都。况且，南京的建都史在长度上并不突出。实际上，如果过于强调一座城市的古都地位和特色，难免会给人以没落之感。而如果要以"京"形容城市之"大"，那么南京在人口、面积等方面比很多城市逊色。

高明勇：古都之"古"、京城之"京"、江南之"南"，这个梳理总结倒是很有意思。

张光芒：人们认识南京的另一个角度更为常见，这便是从南与北中突出其"南"之内涵，即同为"京"城，北京是北方文化与北方城市文明的代表，而南京是南方文化与南方城市文明的典型。这也是人们最乐意突出的特点。突显南京之"南"，突出南京在大中华文化圈格局中的江南特色，这既有现实的和客观的依据，也有人文的和历史的沿袭。所以，直到现在，当人们谈论南京，当文人阅读南京，当学者研究南京时，南京之"南"与"江南文化"都是绕不开的关键词。但是严格说来，这只是笼统之论。广义上的江南文化范畴较大，不足以概括南京文化传统的精髓和实质。典型的江南文化应以从南京往东南方向继续延伸之后的苏锡常、上海以及浙东北为核心。甚至，苏州人、无锡人从来不把南京视为"苏南"，在典型的苏南人眼中，南京也不算"苏北"，顶多算是"苏中"。实际上，南京的民风民俗、方言俚语、生活习惯、衣着饮食，等等，与典型的江南文化差异都很大。

所以我的定位方向与以前的这几种角度，即强调古都之"古"、京城之"京"、江南之"南"都有不同。

高明勇：您刚才提到人们对于南京的文化定位往往绕不开古都之"古"、京城之"京"、江南之"南"三种方式，那么您是怎样另辟蹊径的？您在南京求学、工作、生活也有二十多年了，结合个人研究经历，您认为南京有着怎样独一无二的文化特质，它的文学特质到底是什么？

张光芒：在我看来，经过长期的历史演化之后，今天的南京城更为本质的特色并不在于"南"，也不在于"古"，更不在于"京"，而在于它的"南北交汇"四字。

说起南京的"南北交汇"，不得不说一件小事。明勇刚才说结合个人经历谈一谈，这也正是我想到的。你知道，南京大学主校区在长江南岸的主城区，浦口校区则在江北。曾经很长时间大学初年级的同学都生活、学习在浦口校区，所以我经常乘坐学校班车穿过南京长江大桥到江北校区上课。有一次下雪后不久，我坐在校车上经过长江大桥时，突然在无意中发现，桥南街道两旁树木草坪上的积雪已经融化，尽显绿色，而江北的树木仍是白雪压枝，难寻融化的迹象。同样的阳光下，仅仅一江之隔，景色反差竟如此之大，令我印象特别深。平时人们常讨论江南文化怎样怎样，江北文化如何不同，这未免有些抽象，而且我心里还曾这样犯嘀咕：也许把江南、江北的距离尽量拉大以后，二者之间的南北之别自然很大，但如果只就长江南北两岸而言，区区几千米的长度怎么可能划分出大异其趣的两种文化呢？

正是这次基于地理气候和视觉上的直观印象，让我对这些问题有了新的认知，多了些许深微的体会。一方面，南北之别既是人文化成，更属天然形成，是物理、自然、地理时空向民风、民俗、社会人伦领域的符合逻辑的延伸。南北之别不是单纯的人为区分，更不是诗人想象的产物。它就在目所能及的眼前，就在人们点点滴滴的生活日常之中。但是另一方面，更重要的是，当我们看待所谓南北之别的时候，也不能过分夸大迥异其趣的一面。如果说南与北是两个端点，那么我们更应该关注的，是南与北之间不仅存在大量重重叠叠和暧昧不清的过渡状态，更要看到二者之间在不同的天时、地利与人和环境下不同的汇合方式。就像我在长江大桥两端感受到的那样，它们似乎截然不同，但事实上又属于融为一体的南京时空。

当年，诸葛亮初访吴国，为南京的气势惊奇不已，城北的紫金山貌似卧虎，怀抱南京城的长江恰如腾龙，于是有"钟阜龙蟠，石城虎踞"之说。但是，这种充满"龙盘虎踞"的帝王之气，与莫愁湖的玲珑剔透、玄武湖的幽静迷人是互补共生、相得益彰的。可以说，南京的山、水、城、林是一体的，江南、江北特色兼备。正如孙中山先生所言，南京实乃"一美善之地区"，其地有高山，有深水，有平原。此三种天工钟毓一处，在世界之大都市诚难觅如此佳境也。

因此，我就想，相当多的城市的确处于北与南两个极端之间的某个位置上，所以有些非南非北，城市特色自然不那么鲜明。但是南京城的南北交汇却是南中有北、北中有南的有机体，是特色鲜明、自成体系、独树一帜的存在。

　　记得二十世纪九十年代，那时候我还在山东，有一次是在冬天到南京拜访一位老先生，坐在先生家的客厅中聊天。先生家中既没有暖气，也不开空调，我尽管穿得很厚却仍是冻得瑟瑟发抖，双腿微颤。先生与太太穿得比我还少，却显然非常习惯。这不仅是因为我作为北方人，习惯了冬天有暖气的生活，更为重要的原因是南京的冷与北方的冷完全不同，那是刺骨的湿冷，即使温度比北方高一点，体感温度却更低，是一种难以适应的冷。这种感觉在我生活于南京多年以后仍然没变。我们有时候也许太想当然了，北方寒冷而南方温暖的说法至少在南京这里并不完全如此。这个小小的感受正是为了说明南京的南中有北和北中有南的特色。

　　即使面对南京的历史，我们也应该看到，这里既有南唐后主李煜"问君能有几多愁？恰似一江春水向东流"那样的细腻柔美与悲慨感伤，也充满了像元末明初著名诗人高启《登金陵雨花台望大江》所展现出的豪放雄健和磅礴气势："大江来从万山中，山势尽与江流东。钟山如龙独西上，欲破巨浪乘长风。""从今四海永为家，不用长江限南北。"关键更在于，这两种风格在南京的存在毫无违和之感。

也许，以往人们之所以强调南京的南方特色，是因为在潜意识里笃定，只有将"北京"作为参照对象，才有利于突显南京的特色，也有利于突出南京的地位和价值。殊不知，这一习惯在凸显南京某些特色的同时，也误读了这座城市独一无二的某些更深层的本质，还有它身上"流动的现代性"。

高明勇： 您这些个人与城市互动的小故事，确实是对一个城市最好的个人化体验与感知，没想到您在城市文化研究方面投入这么多的精力。

张光芒： 针对南京而言，金陵文化这一概念较之江南文化更具有针对性和有效性。学术界对于金陵文化的界定已基本达成共识，它是指以今南京为中心，辐射周边地区所形成的文化圈，是中华汉文明的重要组成部分。南京作为钟阜龙蟠、石城虎踞之地，处于中华大地南北交会点上，地理面积并不很大。在中国种种区域文化中，以南京这样较小的地域形成金陵文化这样一个源远流长、底蕴深厚、影响广泛且气质鲜明、内涵完整、自成体系者，并不多见。并非每一个独立而完整的区域，就一定有完整而系统的历史；也不是每一个地理与气候特征相似的地域，就必然建构起属于自身别具一格的地域特质。南京的存在证实了一种南与北之外的第三种特色——第三极文化，无论从哪一个角度来说，都有理由有资格拥有自成体系的南北交会的独立性。

如果说北派城市的代表是北京，那么南派城市的代表应该是上海，更往南下则有岭南城市的代表广州，而南北交会的代表就是南京。这就形成了一个饶有趣味的现象，无论"南京"之"南"，还是"南京"之"京"，都不足以立其威，成其势，建其基，弘其长。唯有南北交汇而成的奇妙景观让南京傲视群雄，独步天下，无可取代，不可超越。

高明勇： 我也曾在南京读书、工作过，南京高校林立，文化底蕴深厚，对于拥有近 2500 年建城史的南京来说，您认为"文学"到底扮演了什么角色？

张光芒： 南京因文学而永恒，文学因南京而辉煌。文学是南京的城市基因，中国历史上的第一个"文学馆"在此诞生，中国文学从这里开始走向独立和自觉，南京在中国具有无可替代的文都地位。作为一座阅读之城，自古至今，南京酷似一位痴心不改、博览群书的"阅读者"。时代在演进，阅读的载体在变化，可不变的是南京人对阅读的热爱，对精神世界的守望。中国第一所公共图书馆就是在南京建立的。崇尚文学、酷爱读书是南京人最为鲜明的精神气质。作为一座创作之城，南京的大众阅读，参与了文学"经典化"，推动了文化生产，催化了无数文学家及经典文学作品的涌现。对于拥有近 2500 年建城史的南京来说，"文学"不是城市的某一部分，更不是某种点缀，而是它发展的血脉和灵魂。

高明勇： 我之前邀请过的程章灿老师做客政邦茶

座，出版过"南京三书"。作为古典文学研究者，他认为自己笔下的故事和叙述角度，都是"惟小是务，不知其馀"。叙述策略是只有小，才能具体，只有具体，才能真切。分别从古典文学和现当代文学的角度打量南京，您认为有何异同？

张光芒：我读过程章灿老师的《山围故国：旧闻新语读南京》《潮打石城》和《旧时燕：文学之都的传奇》，他的"南京三书"无论以文学为视角解读南京的历史文脉，还是以名胜为结构寻觅南京的文化之根，都带有"以今入古"和"以小见大"的叙事特点。

如果说从古典文学的角度打量南京，可以解读这座千年名城何以成为文学之都，那么从现当代文学的角度打量南京，就需要更多地考察百年来南京文脉在现代性思潮的激荡之下如何发生了传承和变异，何以"由古入今"，又是何以"由今见古"。换句话说，变中的不变，与不变中的变，都是同样值得关注和辨析的。当我们看到新旧、古今、中西、南北之间的现代碰撞如何构成了这座城市的内在矛盾和发展张力，也便体悟到了百年文学南京的独特魅力之所在。

高明勇： 如果说"文学"是南京的一个标签，那么"启蒙"肯定是您的一个标签。印象中您出版过《启蒙论》《中国近现代启蒙文学思潮论》《中国当代启蒙文学思潮论》，特别是这次您的《晚清以来中国"社会启蒙"文学思潮史》。为什么这么多年选择"启蒙"作为自己一以贯之的研究视角？

张光芒： 2016 年，我申请立项了教育部人文社会科学重点研究基地重大项目"社会启蒙与文学思潮的双向互动"。的确如明勇兄所说，从二十世纪九十年代末开始，启蒙文学思潮一直是我的重要研究方向。在这个研究方向上，人文启蒙与道德嬗变、个体启蒙与理性精神、自我启蒙与人性解放等，构成了一系列核心的论述话题。这个系列题域以精神文化心理层面的启蒙为主，这在文学"向内转""回到人本身"的历史要求和现实需要的大背景下，无疑有着充分的合理性和学术价值。但是随着文学创作实践和社会语境的嬗变，并在谋求学术突破和创新的驱动下，我的思想理路也发生了一些改变。先是写了一篇论中国当代文学应该"向外转"的文章；同时试图将启蒙文学思潮的研究内涵加以扩大，并

将研究重心"向外转"至社会启蒙的层面，这可以说是
《晚清以来中国"社会启蒙"文学思潮史》一书的雏形。

高明勇：有什么新思考？

张光芒：要说新的思考，我想是提出一个新的命
题，即将晚清以来"社会启蒙"文学思潮史进行一番梳
理，同时还要强调和贯穿一种新的方法思路，即以"文
学思潮对于社会启蒙的促动和纠偏"为基本理路。可想
而知，无论从学术难度，还是工作量来说，这一研究的
挑战是相当大的。我与课题组人员用了较长时间搜集资
料，也用了较长的时间进行理论准备、逻辑论证和专题
研讨。课题组成员在这一过程中，都能够刻苦钻研，勤
奋写作，进步显著，仅标注中期成果的学术论文就发表
了几十篇，我的博士生中至少有四位不但参与该课题，
而且其通过博士答辩的学位论文也是由此课题衍生出
来的。

高明勇：我看您这几项研究是在疫情背景下完成
的，疫情对您的研究与创作影响大吗？

张光芒：举个小例子，2020 年我在《广州大学学报》上发表了《论"疫情文学"及其社会启蒙价值》，那篇文章就是某种学术化的回答。《晚清以来中国"社会启蒙"文学思潮史》也可以说是一种系统化的介入方式。

高明勇：您如何为"社会启蒙"定义？我看到您在这本书里涉及的议题很多，政治书写、女性书写、科学观念、青春叙事、文明想象、战争叙事、家庭叙事、自然书写，等等，通过以"社会启蒙"来观察梳理晚清以来中国的文学思潮史，您有什么新的发现？

张光芒：为了说明如何界定"社会启蒙"的内涵问题，需要首先辨析一下"社会启蒙"与"个体启蒙"的分析方法。在我们当下的存在中，每个人的存在都具有双重性，一方面你拥有一个私人领域，另一方面你又属于一个公共领域。这种双重性是一种复杂的矛盾体。尤其当私人领域的合理要求受到公共领域的压制时，"个体启蒙"就会显得无力，思想启蒙就会显得虚无缥缈。如果没有较充分的"社会启蒙"，即使是完成了"个体启蒙"的人，即使一个人充分具备了启蒙思想，他也会装睡。你有可能叫醒一个沉睡的人，但你不可能叫醒一个装睡的人。因此提出"社会启蒙"命题，绝非是降低了"个体启蒙"的重要性，亦非忽视思想启蒙的必要性，而主要是移动了一下研究的逻辑重心，画出某种层面的对象视域和一定范围的思想边界，以期更加集中和有效地将问题推向深入。

换言之，我们并非面面俱到地论述启蒙问题，而着重从"社会启蒙"的层面切入研究对象，着力挖掘百年来社会转型过程中，从社会制度到伦理变革等层面对现代性的追求和建构。

高明勇：那您如何看待"社会启蒙"与"个体启蒙"的关系？

张光芒：作为一种研究视角，相对于"个体启蒙"而言，"社会启蒙"侧重于社会关系的层面，即更加重视对于社会与人、人与人之间的关系的考察。相对于感性启蒙而言，"社会启蒙"问题更加侧重于理性启蒙的层面。系统探讨社会启蒙与文学思潮的互动过程、运行逻辑及其规律，可以说是一个有着许多未知领域的新的学术空间。

通过梳理你刚才提到的政治书写、女性书写、家庭叙事、自然书写等以"社会启蒙"为核心的文学创作，我们发现晚清以来的文学史创造了不可取代的"社会启蒙"思想史，起到了对于社会启蒙的促动和纠偏作用。文学具有无边的和无形的生产力，文学史不是简单地反映了而是创造了一种独特的任何其他学科门类无可替代的社会思想史。

高明勇： 大家都知道您也是著名批评家，前几年围绕丁帆老师的新作《知识分子的幽灵》，我写了一篇书评《保持一个"吹毛求疵"的批评者本色》。里面提到您 2005 年在《文学报》发表的一篇文章《后启蒙时代的批评家何为》。在"启蒙时代"和"后启蒙时代"，批评家的角色发生了什么变化？

张光芒： 从"启蒙时代"到"后启蒙时代"，批评家的角色和定位的确发生了重大的变化，对于这一系列显而易见的变化我表达过一些观点，根据我最新的观察和思考，的确需要补充一些看法。

首先，我们应该清晰地意识到，用"后启蒙时代"的说法形容当下时代并不完全准确，即使我们可以用这个说法，也应该明白，它绝不意味着人们已经不需要启蒙了，只是在这个时代，传统的启蒙途径与批判方式已经失效，我们面对启蒙问题的态度应该更新。

其次，在理论层面，如果说过去关注的是主体性的弘扬和发掘，那么现在更应该重视主体间性，关注个体之间的差异性、人与人之间沟通的有效性。

再就是，批评家还要勇敢地反观自身，更新自我，善于以自我启蒙的方式介入启蒙问题。

高明勇：我有一个观点，从一个学者（如丁帆老师，如您）的批评家经历，到一所大学（如南京大学）的批评家谱系，再到一座城市（如南京）的批评家群落，既有研究与批评，又有构建与传承，背后是若隐若现的"批评家本色"的精神谱系。从这个角度说，南京不仅仅是"文学之城"，也是"文学批评之城"。您认可这个说法吗？是什么成就了南京的"文学批评之城"？

张光芒：的确如此。南京作为"世界文学之都"，不仅是"文学创作之城"，也是令人自豪的"文学批评之城""文学研究之城""文学阅读之城"和"文学传播之城"。文学创作与文学批评构建了文学之城的丰满双翼，互动共生，形成了可观的文学生态。在撰写《南京百年文学史》的时候，我们就采纳了编委的大胆建议，除了挖掘南京作家群落的创作风貌，也对当代南京批评家群体进行了一番梳理。尽管字数篇幅不多，类似简介形式，并且主要限于二十世纪六十年代及此前出生的批评家，但总算是在区域文学史的写法上做了有益的尝试。成就南京之"文学批评之城"的首要因素还是在于南京这座城市的文学气质、文学氛围、文学传统、文学场域，乃至"文学市民"基数的庞大。另一个重要的因素则在于南京科教实力之雄厚。文学批评属于人文研究的范畴，"天下文枢""东南第一学"的桂冠即形容其为崇文重教、人才荟萃之地。再就是，南京批评家中多有身兼作家、诗人身份者，而南京作家中亦不乏善写批评文字者。这也充分说明南京之为文学之城是有机的、整体的，是渗透到骨子里的。

高明勇：您提到"批评家的底线"，不仅仅是要说真话，更重要的是，要有"公正的判断"，您认为近二十年后，这个问题得到缓解了，还是更突出了？哪些因素影响"公正的判断"？

张光芒：你这个问题十分尖锐，也非常有针对性。二十年后，这个问题并没有得到明显的缓解，有些方面反而越来越突出了，比如红包批评现象，比如集团化包装现象，比如媒体介入力量与资本力量的扩大，等等。这些都不同程度地影响着独立的批评和公正的评判。

何平

南京师范大学
文学院教授

文学之于城市是

记忆和日常生活的细节

王国维曾说，"一代有一代之文学"，当然，一代也有一代之文学批评。

当文学的生长受到多种因素影响时，文学批评也必然随之打上相应的烙印。

日前，知名文学评论家、南京师范大学文学院何平教授的评论集《批评的返场》由译林出版社出版。面对当下文学，一些读者选择"离席退场"。而选择"返场"的评论家何平，看到的是一个什么样的"文学现场"？

本期政邦茶座邀请何平教授，一起聊聊文学批评那些事儿。

高明勇：您用"文学策展"的概念来形容文学批评者的角色定位，很有意思，背后应该是作为批评者如何介入当下的文学生活吧？

何平：您说的"文学批评者的角色定位"确实是我一直在想的。一个时代有一个时代的文学，时代也会想象和定义时代的文学批评者，同时批评家也会作自己的选择和决断。

还是先说下"文学策展"这个想法怎么来的吧。

是偶然的机会，2015 年冬天，一次从北京回南京的旅途上，读到汉斯·乌尔里希·奥布里斯特的《策展简史》。

　　《策展简史》讲到一个例子。2006 年，汉斯·乌尔里希·奥布里斯特采访费城美术馆馆长安妮·哈农库特时，用"策展人是过街天桥"的说法问安妮·哈农库特："如何界定策展人的角色"，安妮·哈农库特认为："策展人应该是艺术和公众之间的联络员。当然，很多艺术家自己就是联络员，特别是现在，艺术家不需要或者不想要策展人，更愿意与公众直接交流。在我看来，这很好。我把策展人当作促成者。您也可以说，策展人对艺术痴迷，也愿意与他人分享这种痴迷。不过，他们得时刻警惕，避免将自己的观感和见解施加到别人身上。这很难做到，因为您只能是您自己，只能用自己的双眼观看艺术。简而言之，策展人帮助公众走近艺术，体验艺术的乐趣，感受艺术的力量、艺术的颠覆以及其他的事。"

　　作为文学生产的参与者，文学批评家最接近艺术策展人。"文学策展"意义上的文学批评家，因为对文学的痴迷，往往希望成为新文学新审美的发现者和发明者。不仅如此，也愿意与他人分享这种痴迷。

　　提出"文学策展"，就是希望批评家向艺术策展人学习，更为自觉地介入文学现场，发现文学现场的可能性，帮助公众走近文学，体验文学的乐趣，感受文学的力量、文学的颠覆以及其他的事。

高明勇：这一概念的引入，确实让人有新鲜感。

何平：是的，但应该看到在汉斯·乌尔里希·奥布里斯特的想象中策展人和公众之间，仍然存在着高下之分的审美等级。

网络新媒体时代是一个审美平权的时代，每一个普通读者的审美潜力被解放出来，他们不再是被压抑的、倾听的沉默者。在新媒体的交际语境下，借助微信、微博等交际平台，普通读者有可能主动地参与文学现场，比如今天很多文学阅读的选择和风向被类似豆瓣读书的评分和评价带动着。

文学批评家是联络者、促成者和分享者，而不是也不能是武断的文学定义和布道的文学寡头。所以，我觉得您说的批评家介入当下文学生活，还不能简单地理解为到文学现场参与一些文学选题策划相关的文学期刊编辑和图书出版工作。

这里有一个前提就是，普通读者在新媒体时代的文学批评活动相当活跃，他们阅读且热烈地参与其间，按照文化学者的研究，德赛都将积极的阅读形容为"盗猎"，对文学禁猎区的僭越性袭击，仅仅掠走那些对读者有用或有愉悦的东西……德赛都的"盗猎"比喻将读者和作者的关系概括为一种争夺文本所有权和意义控制的持续斗争。（亨利·詹金斯，《"干点正事吧！"——粉丝、盗猎者、游牧民》）

今天，"争夺文本所有权和意义控制的持续斗争"在新媒体平台每时每刻上演。今天的专业批评家，尤其是年轻一代批评家需要正视文学生产新变，做一个有能力抵达交际语境文学生产和批评第一现场的文学批评者，基于审美平权的平等心态，与普通读者，在对话和协商中发明和定义我们时代的文学和审美。

高明勇：文学批评参与文学生产以及文学史建构的主张，我很认可，但在具体的社会实践中，是否会出现另一种您所警惕的"甜腻"关系？

何平："甜腻"这个词是一个描述的概念。日常生活中，类似恋人和知己那种意义的惺惺相惜的"甜腻"其实是一种理想的"美的生活"，文学批评者当然有人之常情，但当我们在文学批评活动中理解"甜腻"，其实是指因为日常交往亲疏的人情，导致审美判断力的丧失——亲则近，疏则远，以人情裁判文情。我想，是不是可以做到，把私人感情留给私域，而文学批评则在公共空间敞开。

读《巴黎评论》的"作家访谈"发现，像大家熟悉的海明威、马尔克斯和纳博科夫等，对批评家都保持足够的警惕和"不信任"。

当然作家的"在乎"，如果仅仅出于文学是可能构成一种有张力的对话关系的。很多时候，所谓的"在乎"，在乎的并不是批评家诚实的文学洞见和审美能力，而是他们在选本、述史、评奖和排榜等方面的权力。

高明勇：似乎文学批评者和文学创作者的关系一直都难以求解。您怎么理解二者的关系？

何平： 文学批评者，尤其是年轻的批评家要有理想和勇气成为那些写作冒犯者审美的庇护人、发现者和声援者，做写作者同时代的批评家是做这样的批评家。无须太远，追溯传统，二十世纪八九十年代，批评家是甘于做同时代作家的庇护人、发现者和声援者的。可是这几年，除了 2019 年张定浩和黄平就东北新小说家在《文艺报》有一个小小的争辩性讨论，我们能够记得的切中我们时代文学真问题、大问题、症候性问题、病灶性问题的文学对话有哪些？更多的年轻批评家成为某些僵化文学教条的遗产继承人和守成者。

改革开放以来的中国文学之所以能够不断向前推进，正是有一批人不满足于既有的文学惯例，挑战并冒犯文学惯例，不断把自己打开，使自己变得敏锐。

高明勇： 2022 年是作家路遥逝世三十周年，路遥的作品恰好是一个典型的案例，一方面自作品发表以来拥有大量的读者，另一方面在之前相当一段时间内没有引起文学史特别的关注，包括文学批评家似乎评价不是很高，您怎么看他的作品及现象？

何平：路遥的作品有广泛的读者群和持续的影响力，尤其是《平凡的世界》长期位列畅销图书榜单，但说文学史没有特别关注其实并不准确。

其实可以研究一下，路遥是如何被大众传媒叙述成一个被文学史不公正对待的受害者的？还有，就是读者读路遥是读审美还是读其他？大众传媒的叙述是有它的位置和立场的，大众传媒喜欢以斗争思维挑起话题。

事实上，20世纪90年代初，《平凡的世界》即获得茅盾文学奖；2019年，入选了"新中国70年70部长篇小说典藏"。不仅如此，几乎每一部文学史都有路遥的位置。

文学作品的影响力和注意力关乎审美本身，甚至关乎社会公共议题和国民审美心理。路遥小说的小人物奋斗史是典型的改革开放时代的中国人故事，读路遥很多时候是读自己的境遇。

高明勇：顺着这个话题，之前也有争论，文学创作是否要考虑批评家的意见。我看您对当下的评论界也不

乏批评，就像您说的，"事实上，很多时候所谓的'在
乎'，在乎的并不是批评诚实的文学洞见和审美能力，
而是他们在选本、述史、评奖和排榜等方面的权力"。
在这个"名利场"上，构建"文学命运共同体"会遭遇
哪些困难？

何平：我们正处于赋权之后批评被滥用的文学
时代。

20 世纪末崛起的网络文学配套的文学批评制度，以
粗糙乃至粗暴的打赏、打分、给星等的不讲道理代替了
批评应该基于审美鉴赏下判断的讲道理。资本成为强势
的力量，以 IP 的市值取代审美定义文学的经典性，当下
许多所谓的大 IP 其实审美品质并不像 IP 利益共同体所
鼓吹的那样。相关地，他们往往是祭起读者或者观众的
利器，挟读者倒逼整个文学制度的认可。读者，尤其是
粉丝读者以一人一票的人海战术，耗散、淹没有效的文
学批评，这一点在豆瓣上尤其明显。

应该重申，从中国国民审美构成的现实来看，受众
多寡并不能完全论衡审美的高下。在大众传媒时代的文
学现场，传统意义上的专业文学批评能不能得以延续？

又将如何开展？在开展的过程中如何秩序化地整合由写作者、大众传媒从业者、普通读者，甚至写作者自己也仓促到场的信息碎片？一句话，能不能在既有绵延的历史逻辑上编组我们时代的文学逻辑，发微我们时代的审美新质并命名之？

"文学命运共同体"不是靠抱团取暖建立起来的，它能建立至少基于两个前提：审美共识和国民审美平均值，尤其是国民审美平均值的可持续提升往往被忽视。

因为我在大学教书，可以稍微说一句，当下批评家集中在大学恰恰是重要的文学现场。文学生态包括批评生态的健全与否以及国民审美素养高低如何，联系着的恰恰是文学教育。

有一句流传甚广的话说，大学中文系不是培养作家的，但大学中文系或者文学院天生应该培养有敏锐和优秀的审美鉴赏能力的国民，这关乎国民的文学启蒙教育。不只是中文系和文学院，国民审美教育应该是整个大学教育制度的不可或缺的部分。

高明勇：作为文学批评家，能否简要概括下您的基本趣味、立场和审美判断？

何平：先说立场。"批评"从语源上说是能判断和能批评的人。能否做"判断"，能否做"能批评的人"，是对每一个批评从业者的基本考验。"谁"在批评，出乎其外是文体、修辞、语体等，入乎其内则是批评者的独立精神立场和文学观，即批评站在什么位置发出自己的声音。

审美判断不是先天赋予的，而是实践性的。文学批评从业者必须意识到的是在当下中国生活并且进行文学批评实践。无论怎么说，在当下中国，文学批评从业者仍然是文学教育、作品遴选和推介以及文学传统积累等文学活动的重要组成部分。文学批评从业者只有通过广泛的批评活动才有可能重新确立自己在世界中的位置，建立起文学批评的公信力，同时重新塑造文学批评中自己的形象。

至于文学趣味则一言难尽，在《花城》主持了近六年的"花城关注"，可以说是我文学趣味和审美判断的一个自然结果吧。

高明勇： 记得您五年前曾发起过一个文学工作坊的"双城记"，三年前南京被封为"文学之都"。

何平： 2017 年，我和复旦大学金理教授共同发起"上海—南京双城文学工作坊"，每年召集作家、诗人、艺术家、编辑、翻译家和出版人等与上海和南京"双城"青年批评家共同进行主题性的研讨。

五期工作坊的主题分别是"文学的冒犯和青年写作""被观看和展示的城市""世界文学和青年写作""中国非虚构和非虚构中国"以及"文学和公共生活"。

工作坊不局限于文学，也非狭隘的同人沙龙，而是一个聚合青年力量研究中国乃至世界文学的一个开放、协商和对话的空间。可以想见未来，这个工作坊还要继续下去。

高明勇： 按您的理解，在当下，文学之于"城市"，意味着什么？

何平： 文学之于城市意味着什么？文学也许并不是城市必要的构件。没有文学，城市照常运转。

　　现在也许我们已经习惯谈论南京就要谈论文学，就像谈北京要谈政治，谈上海要谈时尚一样。

　　我曾经在一篇写小说家朱文的评论中描述过二十世纪九十年代中后期南京文艺无产者的日常生活：慵懒的上午觉、泡吧、踢球、闲逛、串门、大学演讲、"半坡村"酒吧的诗歌朗诵、先锋艺术展览、与文学异性交往、书店、南京大学作家班……这里涉及的南京文艺地景和日常文艺生活其实部分回答了您问的城市和文学的关系问题。文学和城市是细节的、具体而微的。

　　不仅如此，和其他城市不同，南京的城市史是一部创伤史。

　　隋文帝杨坚将六朝留下的所有宫苑城池夷为平地改作耕田。自六朝以来，南京这个城市屡遭磨难，内乱外患，真正太平的繁华日子并不多。六朝以后的南京城，因为痛苦，因为失落，深受文化人的喜欢，尤其是失意文人的倾心。

　　小说家叶兆言认为浪漫的诗意和诗意的浪漫，生成了文学想象的繁华和对繁华逝去的怀旧和感伤。如其所说："南京似乎只有在怀旧中才有意义，在感伤中才觉得可爱。"

因而，南京的历史其实隐然在于一部文学或者诗意的怀旧史。所以，文学之于城市是记忆和日常生活的细节。南京是一座文学性的城市，国内和其最相似的城市可能是成都。

薛冰

原南京市作家协会副主席

南京是座

一言难尽的城市

　　薛冰先生是南京人，述说城史款款深情，点评往事如数家珍，被称为"南京城历史活名片"。读他的文字，能感受到"浓郁的乡愁"，他的著作《漂泊在故乡》，被读者评论说是"在场的乡愁"。

　　本期政邦茶座邀请他谈谈如何为城市立传，如何以"文学"定位一座城市，在城市化的浪潮里，如何确定一座城市的角色。

高明勇：在"政邦推荐·2022 年度书单"评选中，《南京城市史》获评"年度城市力之书"。评审时有评委说："薛冰老师在书中引用了南京城很多不同时期的地图，让读者直观地看到南京这座千年古城的发展变化，在写作过程中找寻这些资料一定耗费了不少精力。"其实不只是地图，这本书中还引用了很多字画、照片等资料，您在找寻资料的过程中是否遇到一些之前没有看到过的、新的发现？

薛冰：南京现在关心、研究乡邦文化的人很多，文献资料和图片资料不断有新发现。有人在做各种小专题的系列研究，做得很深入。大家会及时交流新资料，分享新成果。不过在二十年前，资料和图片远不及现在丰富，当时主要靠自己通过各种途径寻找，每找到一张历史图片，都令人兴奋。

我的优势是充分熟悉文献资料，能将图片与文献两相印证，比较准确地解读图片内涵，所以接触到新图片的机会也就多一些。如德基艺术博物馆从拍卖会上竞得冯宁《仿杨大章画 〈宋院本金陵图〉》，当时只知道画的是南京，不知道具体是哪一片，所以找我去看。我有幸见到这幅长卷的真迹，也从画面后半部分的水、陆两门并列，判定是秦淮河出城处的西门与栅寨门，而前端的城门应是南门，即今中华门。南门与西门之间的繁华市井，正与文献记载相吻合。而图片不但让人对宋代南京的城市图景有直观感受，而且补充了文献的缺略，如图中绘出的"羊马墙"，文献记载十分简单。更重要的是南门的外瓮城是半圆形的，内部分为两个扇形，形成两道瓮城，这是从未见诸文献的。

解读一幅图片还是比较简单的，难的是在不同时期的图片中，找出能成系列的图片，分析其所反映城市面貌的延续与变化，探究发生变化的原因，与相应文献记载相印证。在掌握足够丰富的图片、准确把握图片内涵的基础上，选取与城市发展密切相关的图片，逐次安插配合相应的文字，图片的直观效果有助于读者理解文字，也能增加阅读兴趣。大家在读拙著《南京城市史》时，感到图片能够在一定程度上反映出南京的城市发展史，看起来顺理成章，其实每一种图片都是经过精心挑选的。

高明勇：朱自清先生曾这样描写南京："逛南京像逛古董铺子，到处都有些时代侵蚀的遗痕。你可以摩挲，可以凭吊，可以悠然遐想；想到六朝的兴废，王谢的风流，秦淮的艳迹。这些也许只是老调子，不过经过自家一番体贴，便不同了。"孙中山先生曾这样评价过南京："南京为中国古都，在北京之前，其位置乃在一美善之地区。其地有高山、有深水、有平原，此三种天工钟毓一处，在世界之大都市诚难觅如此佳境也。"在您的眼中，南京是一座怎样的城市？

薛冰：朱自清先生是就南京的人文底蕴而言，孙中山先生是就南京的自然资源而言，各有道理。

南京是一座一言难尽的城市。我觉得南京有几个方面，特别值得重视。

一个是城市发展。通常说南京建城始于公元前 472 年的越城，至今约 2500 年。但是近几年"越城"考古发现，早在 3000 年前，此地已有环壕聚落，也就是城市雏形，其建设者只能是南京的土著居民——湖熟人。青铜文化时期的湖熟文化，上承点将台文化和北阴阳营新石器时代文化。值得注意的是越城的位置，紧邻中华门，就在今天的南京主城区内。这是非常罕见的。据我所知，国内发现的古文化遗址，无不处于今日的乡野或小城镇中，也就是说，先民选择的居住地，曾适宜当初的生存需求，却不能满足以后的发展需要，所以不得不迁移他处。唯有南京先民选择在秦淮河入江口建造的城市，如同落地生根，3000 年来不断成长，发展为南京这样一座历史文化名城和现代化大都市。

一个是经济和文化脉络。南京在六朝时期赓续中原，成为中国新的政治、经济、文化中心，此后王朝更替，时断时续，但经济与文化脉络从未断绝，且时有新的高峰出现。即如唐代，是南京政治地位遭贬抑最为严重的时期，唐代的大诗人纷纷前往南京，吟咏南京。南京文脉以这样的方式绵延。也正是诗人们的大量作品让后人得以了解当时南京的经济繁盛、城市繁华。宋、元以降，统治者已不再试图贬抑南京，而是致力于掌控这个都市。也正因为南京的经济与文化脉络一直未断，所以才会一次又一次有新的王朝定都南京。这在中国古都中也是独此一例。

一个是城市精神。湖熟文化的中心区在秦淮河中游一带，东抵太湖，西至安徽，南达浙北，北渡长江至六合、仪征、扬州，广达数千平方公里。湖熟文化善于接受周边文化的影响，外来器物和先进技术会引起他们的关注与模仿，一度成为推动生产力发展的因素，并逐渐被本土文化所吸收，化为其自身的新面貌和新活力。这种兼容并蓄而又保持自己的独立文化特征，至今仍是南京城市精神的重要内涵。同时，湖熟人出河越江，东吴人沿江出海，此后只要朝廷不禁海封国，南京人总是远航海上，商旅四方。海洋文化因素也是南京城市文化的一个要素，为四大古都中所仅有。

高明勇： 近年来，为城市立传比较火，有写北京的，有写成都的，有写杭州的，但给人的印象，似乎关于南京的书特别多，比如程章灿先生的"南京三书"，叶兆言先生的《南京传》，张光芒先生领衔撰写的《南京百年文学史》，包括您的系列作品。您认为最理想的城市传记该怎么写？

薛冰：城市传的写作，我想跟城市化的迅速推进密切相关，城市的命运越来越为人所关注。不过讲触发点，好像是受到《美国大城市的死与生》《伦敦传》《伊斯坦布尔》等书翻译出版的影响。平心而论，国内恐怕还没有能达到这个水准的城市传。理想的城市传记，恐怕很难有一个标准，就像"一百个人的眼里就有一百个林妹妹"，每个人都可以用自己的方式书写心目中的城市。

高明勇：为什么会有这么多人写南京？

薛冰：简单而言，一是南京值得抒写的东西多，唐代以后"金陵怀古"成为一个文学母题，前人的佳作又激发后人的创作欲望。二是南京人宽宏大度，你怎么写南京都不会见怪。固然，像《闲话扬州》那样被禁成珍本的确是特例。所以中国人、外国人，写南京的热情都特别高，比如写出第一部《南京传》的张新奇，就是"完全以一个外来人的眼光打量南京"。

高明勇：很多人把南京人称作"大萝卜"，对这个"爱称"有很多说法，叶兆言先生也曾经写道："南京大萝卜无所谓褒贬，它纯属纪实。用大萝卜来形容南京人，再合适不过。南京人永远也谈不上精明……南京大萝卜在某种意义上来说，是六朝人物精神在民间的残留，也就是所谓'菜佣酒保，都有六朝烟水气'。自由散漫，做事不紧不慢，这点悠闲，是老祖宗留下来的。"您是如何看待"大萝卜"这个说法的？

薛冰："南京大萝卜"这个话题，拙著《饥不择食》中有过讨论。

"南京大萝卜"既被公认为南京人的谑称，喻体之先，当有本体，也就是作为蔬菜的萝卜。《南京方言词典》释"大萝卜"：外地人戏称南京人或南京人自嘲的戏称，含有性格粗、憨、傻的意思，常说成"南京大萝卜"，其来历有多说，可能与南京盛产多种萝卜有关。

南京盛产萝卜是事实，但多引种于苏北、安徽、山东、北京、广东各地，所以并不能说是南京特产。即论萝卜之大，也轮不到南京。南宋郑樵《通志·昆虫草木略》记载："俗呼萝卜，镇州者一根可重十六斤。"晚清夏曾传《随园食单补证》载："山西洪洞县出大萝卜，一牛车只载两枚。"南京萝卜没听说过有这样大的。但是南京近郊多沙土，萝卜之好，多见于史籍。宋陶毂《清异录》载，南唐钟谟"以蒌蒿、芦菔、菠薐为'三无比'。"芦菔就是萝卜。明顾起元《客座赘语》中说："蔬茹之美者，旧称'板桥萝卜善桥葱'，然人颇不贵之。"已经被人熟视无睹。清有民谣："安德门的竹子，凤台门的花，窨子山的萝卜，朝阳门的瓜。"晚清民国的几种食谱中，都大赞南京的萝卜好，可以令人不羡肉味，但一颗不过半斤来重。

南京人以"大萝卜"自喻，据我所见，始于《红楼梦》第一百零一回，贾琏回凤姐道："是了，知道了。'大萝卜还用屎浇'。"人民文学出版社启功注释本注："种大萝卜不需要大粪浇灌。这里是一句诙谐的成语。'浇'谐音'教'，意思是高明的人哪里还用得着愚拙的人来教导？"聪明人"一点即通"，反映出贾琏的自以为是，自作聪明。这与现今流行的口头禅"多大点事啊"，虽有程度的不同，但都有遇事大大咧咧、蛮不在乎的风韵。总而言之，"南京大萝卜"一语谑而不虐，其褒意在憨厚多诚朴，而贬意在朴讷少机变。

高明勇：随着经济的发展，人口流动越来越频繁，南京作为华东第二大城市，外来人口也有很多，有省内其他城市的，也有周边其他省份的。您认为这种人口结构的变化和南京的城市气质与文化积淀有怎样的互动关系？

薛冰：南京历史上有过多次大规模移民，可以说是中国的老牌移民城市。东晋的中原移民，使南京这个吴文化中心开始脱离吴语区。明代将南京富民移置云南，迁各地能工巧匠进京，是一种大换血。近现代一个半世纪，太平天国灭亡时，据李秀成自述城中居民仅剩两万人。民国初年恢复到 30 万，1931 年剧增至 110 万。二十世纪八十年代南京城市人口 160 万，加郊县共 260 万，现在的常住人口是 850 万，加流动人口超过 1300 万。

我常开玩笑说，在南京，一桌五个人，至少有四个不是南京人，剩下一个很可能也不是老南京人。但是换一个角度说，进了南京城，就是南京人。这才是南京人的真实感受。所有在南京生活、工作的人，都有一种主人心态，是南京这座城市的得天独厚。

南京城市气质的核心就是兼容并蓄。后来说的博爱、宽容、开明、开放等，都基于此。如前所述，这在湖熟文化时期就已有体现。善于接纳新人才、吸引新元素、包容新思想，是一种有利于持续发展的态势。南京丰厚的历史底蕴，绮丽的江南风光，华彩的市井生活，尤其是宽松的文化氛围，吸引众多文人学士前来游赏、寓居以至定居终老。在此基础上形成的文化积淀与日俱增，对于后来者也就有着更强烈的吸引力。这是一种可贵的文化生态。

高明勇：这几年南京在获选"世界文学之都"后，其"文学标签"也愈发凸显。在您的心里，"文学之都"应该是什么样子的？

薛冰：我有幸在 2017 年南京申报"文学之都"之

始即参与其事，梳理南京文脉，促进南京文事，宣传南京成就，对申报成功后的推进与建设，也有思考和倡议。

"文学之都"这张新的世界性名片，有利于明确南京的城市定位。从二十世纪八十年代起，南京各界数次探讨城市文化定位，一直是众说纷纭。从"秦淮文化"到"佛教之都"，从"悲情城市"到"和平之城"，从"博爱之都"到"人文绿都"，虽然有一定的道理，但也都未能完整、准确地体现南京丰厚的文化底蕴，难以由此确定南京的长远发展方向。而"文学之都"的命名，给了南京精准的城市定位，既符合南京在当今中国的地位，也最有利于发掘、运用南京的历史文化资源，促进未来的可持续发展，而以往所提出的各种城市定位，都可以整合进这个平台。

高明勇：目前，南京与您心里"文学之都"的标准还有哪些差距？

薛冰："文学之都"建设千头万绪，需要做的事情很多。促进文学创作，加强文学分享，拓展中外交流，固是题中应有之义。联合国教科文组织考量"文学之都"的标准，除了文学的历史积淀和文脉传承，更看重文学对于城市的当下和未来发展的价值与意义。也就是说，在成为"文学之都"的南京，文学对于城市、对于城市中人的未来发展具有什么意义，而南京文学在世界创意城市网络中又能发挥什么作用。据此而言，"文学之都"建设就不能只是南京文化工作的一个子项目，而应作为南京的基本城市定位，一个发展方向，各项工作的旨归。加强市民对"文学之都"的文化认同，让"文学之都"融入市民的日常生活，每个人对"文学之都"的理念、内涵、使命与责任，都能熟稔于心，都能参与其中，共享文都瑰丽。

高明勇： 在我的印象中，南京有很好的文人交流"圈"，有很多可供交流的场所，如新杂志咖啡馆、半坡村酒吧、先锋书店、凤凰台、清凉山等，那时"开卷"也吸引了一批读书人。目前您所熟悉的南京文化地标有哪些？

薛冰： 很高兴您还记得二十一世纪初的南京文化地

标，让我也回忆起当年的岁月，可惜只有先锋书店坚持到现在。"文化凤凰台"成为全国书人文友聚合之地长达十年之久，《开卷》文化圈影响广及海内外，终也因饭店经营方针改变而退场。

南京文人交游素有传统，六朝时期就有刘义庆文学社团，竟陵八友，萧统、萧纲文学社团等，各有杰出成果传世。李白在南京有"金陵子弟"，《韩熙载夜宴图》亦是文人交游图，王安石与苏轼晚年惺惺相惜成为佳话，明代文人雅游蔚为风气。龚贤扫叶楼、李渔芥子园、袁枚随园、甘熙津逮楼、胡恩燮愚园、三山街、龙蟠里、钟山、玄武湖、莫愁湖、鸡鸣寺等都是雅集胜地。

改革开放以来，南京学者、作家人才辈出，其时常有"四世同堂""五世同堂"的比喻。南京有史以来的宽松文化氛围，与文人的友好相处是分不开的。"君子和而不同"，学术见解可以不同，写作风格可以各异，但不影响平素交游切磋。与此相应，新兴的文化地标层出不穷。

先锋书店多次获评中国和世界"最美书店"，也是南京文化地标的代表，文人聚谈、新书发布的首选。继起的有可一书店、复兴书店、大众书局、锦创书城、万象书坊、奇点书局等。去年开放的世界文学客厅，择址于 1500 年前中国第一个文学馆所在地域，成为城市文学空间的重要枢纽以及展示、交流、分享中心。半坡村的升级版是锦上和云几，我也喜欢复建的芥子园和愚园。与当年类乎自发的单体营造不同，近年来南京文化交流场所是一种社会性的喷发，各级文化馆、图书馆、美术馆、博物馆以至街道、社区等固是题中应有之义，越来越多的非文化行业场馆也纷纷打造文化空间，吸引文化活动进入。其社会基础则是活跃在南京的近千个民间读书组织。群学书院今年与可一书店举办的"可一论坛"，每周一期，精彩纷呈。悦的读书会与秦淮区图书馆举办的"游见秦淮"系列，每月一场，上半场室内讲座，下半场实地导览，别开生面。这都是南京文脉传承的新气象。

高明勇： 自国家提出长三角一体化发展以来，南京市积极融入这一国家战略，努力在服务构建新发展格局中发挥南京优势。作为长期关注南京的文化学者与研究者，在您看来，南京在长三角一体化战略中的定位应该是什么？

薛冰： 长三角一体化的《南京实施方案》提出，南京是驱动长三角一体化发展的战略支点，推动长三角高质量发展的创新引擎，也是支撑长三角国际化发展的门户枢纽，在长三角城市群中应更好地发挥"承东启西、联通南北、衔接海陆"的作用。这个是南京的基本定位。

早在二十世纪八十年代，南京已提出市域内的"南京都市圈"建设，二十一世纪初又研究构建"南京一小时都市圈"，由南京与周边一百公里范围内的镇江、扬州、马鞍山、芜湖、滁州六城组成，总面积 3.5 万平方公里，人口约 2000 万，可谓得风气之先。后获国家发改委批复的《南京都市圈发展规划》，成员有南京、镇江、扬州、淮安、马鞍山、滁州、芜湖、宣城和常州的溧阳、金坛，含 33 个市辖区、11 个县级市和 16 个县，总面积 6.6 万平方公里，常住人口 3500 余万人，地区生产总值超过 4 万亿元。2021 年 3 月交全国两会审查的"十四五"规划纲要草案中提出："鼓励有条件的都市圈建立统一的规划委员会，实现规划统一编制、统一实施，探索推进土地、人口等统一管理。"据此，南京城市规划和建设的先进理念与成功经验，必然在更大的范围内发挥引领作用。

高明勇：作为一个老城、古都，南京有很多的名人故居、古建老宅，像南京这样的城市还有很多，然而随着近些年城市更新的推进，有些问题也逐渐暴露在公众面前。您认为怎样才能找到老城区保护与开发的平衡点？

薛冰：从我亲历的南京老城保护和开发进程而言，大致可以分为三个阶段。2000 年前后的大拆迁，有人宣称"不怕打破坛坛罐罐"，将历史文化遗产视为城市现代化发展的障碍。2006 年、2009 年两次因历史街区遭到破坏，引起专家学者群起呼吁，经国务院领导批复得以制止。尤其后一次，激起全社会包括政府各部门的不满，也引起了全市对于历史文化保护的反思。 2010 年制订《南京市历史文化名城保护条例》，经省人大批准成为法规，又成立了南京市历史文化名城保护专家委员会。此后进入"平衡点"阶段，即在尽可能保护好历史文化遗产与城市现代化建设中，找到最佳平衡点。这是一种很大的进步。

2019 年大板巷复兴开街，特别是肇端于 2015 年、2021 年"旧貌换新颜"的小西湖街区更新，为南京历史文化保护走出了一条新路。立足于以人为本，城市更新为市民谋福利，以"共商、共建、共享、共赢"，实施小尺度、渐进式微更新的新模式。小西湖成为住建部的示范典型，并获得了 2022 年联合国教科文组织亚太地区文化遗产保护奖创新设计项目大奖，评委会认为小西湖项目"在社会和技术创新方面，提供了可推广、可复制的经验"。

这是对"平衡点"阶段的一种超越。正在进行中的门西历史街区更新，区政府明确表示将比小西湖做得更好。值得注意的还有南部新城建设中对大校场机场跑道的全面保护，追求的也不是某种平衡点，而是先确定建设机场跑道公园，在此基点上，再规划周边建设。我觉得这应该成为一种方向。对于南京这样的古都名城，历史文化资源是城市可持续发展最可贵的资源，这一资源不是越用越少，而是越积越厚。运用好这种资源，才是城市管理的大学问、真能力。

高明勇：前些年关于古都的研究比较多，比如西安、洛阳、杭州，等等，近两年给人的印象是"古都热"有点降温了，您认为出现这种现象的原因是什么？

薛冰：说"古都热"降温，在南京不会有这样的感受。

有些古都的研究显得难以为继，我想可能有几方面因素的影响。首先是对于一座城市而言，相较于向后看，更重要的是向前走，向后看的目的是更好地向前走。当城市有意识地以历史文化作为可持续发展的资源，"热"度自然越来越高。换个角度说，现实发展良好的城市，历史文化研究也会相应地发展提高，即如深圳的历史文化研究风生水起，恐怕会令不少人意外。

其次是人才问题。查找史料，搜罗轶闻，编造故事，高中生也能做得来。但是进入到学术层面的研究，就必须有专家、学者的支撑，尤其是持之以恒的坚守。

而研究成果转化，推动文化建设，更是一个社会工程。

　　第三是市民关注支持，也就是城市凝聚力的反映。城市不以市民为中心，市民感受不到城市的温暖，对城市自然会漠不关心。我在南京对此有深切体会。20年前，南京城市文化研究完全是个人的事情，成果发表、著作出版都得靠自己努力。但是读者支持了我，这才会有报刊和出版社的不断约稿。每次有大学生对我说，读了你的书，我决定留在南京，我都十分感动。我为南京这座城市写了20多本书，每次动笔都告诫自己，要拿新的成果奉献给读者，不能重编旧文去浪费他们的钱和时间。这不是我一个人的幸运，南京城市文化的研究队伍越来越壮大，且不断有新人加入，研究越来越深入，学术水准越来越高，所以写南京的书才会特别多。

　　第四是地方政府的支持力度。即如《金陵全书》持续十余年、不断丰富与扩容的出版，没有政府倾力支持是不可能的。《金陵全书》将大量珍稀史料影印出版，成为城市文化研究的重要资料库。此外还有各种文化研究项目的组织引导，多种社科、文化项目基金的资助等。如果政府无心支持，或无力支持，就难说了。

第五，考古发现一度是"古都热"的重要因素。城市大开发中的大量考古新发现，固然会成为古都新热点，但随着老城区被挖过一遍，新发现就很难再有了。考古发现的新闻热点是一过性的，重要的是后续研究和研究成果的转化。南京在台城遗址建起六朝博物馆，在石头城遗址建设石头城遗址公园，越城考古还在进行中，也已规划建设越城遗址公园。相关研究同样在不断拓展。 2021 年年底落成的南京城墙博物馆，对于城墙研究与成果展示，也有很大提升。

高明勇： 2022 年，您所著的《家住六朝烟水间》第四次再版。有读者评价："喜欢南京的人必读。"您在南京生活了几十年，对南京的感情自不必说，对这座城市的认知一定也极为独特，作为一个老南京人，南京让您感到最"遗憾"的是什么？

薛冰： 2000 年初版的《家住六朝烟水间》，是我为南京写的第一本书，也是继黄裳《金陵五记》之后第一本全面、系统呈现南京风采的文化散文。去年面世的增补本仍然受到读者的热情欢迎，尤其许多年轻读者的厚爱，是对我写作的最大激励。

南京让我感到的最大遗憾，是直到二十世纪八十年代，南京的古都格局、历史街区、建筑风貌仍基本保存完好，主干道行道树绿荫如盖，却在二十世纪末的短短数年间，遭遇史无前例的大拆大建，支离破碎，面目全非。虽然后来努力整合，毕竟难复旧观。我写过一本记述个人城市变迁感受的小书《漂泊在故乡》，城市的急剧变化，令人有乡愁无所寄托之憾。

其实南京城市发展史上，一直有跨越式发展、保老城建新城的优良传统。最典型的是明初建都，朱元璋将皇宫完全建造在老城区之外，新建的都城为南京预留了此后六百年的发展空间。而且二十世纪五十年代国务院已明确将河西地区作为南京城市发展的预留地。假如二十世纪末就将南京城市发展的重心转向河西地区，南京老城区可以完整保存历史古都风貌，河西现代化新城区也有望早十年建成。那样的南京，会是一幅多么令人振奋的图景！

当然，历史就是历史，无法假设。

高明勇： 我听说您在撰写《南京人文史》，不知进度如何？

薛冰： 谢谢您关心拙著！《烟水气与帝王州：南京人文史》今年三月脱稿，七十余万字，现在出版编辑流程中，如无意外，年内可以面世，也算了却十余年来的心结。

作为一种人文史著作，本书主要阐述南京城市空间中的人文内涵。贯串全书的是四条主线：王气隐显、文脉绵延、商贸集散、佳丽沉浮，最重要的就是文脉传承，展现南京"世界文学之都"的丰彩。书名《烟水气与帝王州》，正是四条主线的凝聚。"江南佳丽地，金陵帝王州。"南朝谢朓这两句诗，早已被公认为南京的文化符号。不同于"金陵王气"的虚幻，"帝王州"是不可磨灭的城市印记，也曾是经济繁荣的重要推手。烟水气则是文脉的象征。纳兰性德有言："花间之词如古玉器，贵重而不适用。宋词适用而少贵重。李后主兼有其美，更饶烟水迷离之致。"烟水气的朦胧含蓄，意在言外，别有寄托，正是美学意义上的至高境界。

高明勇：关于南京书写，您有什么理想和期待？

薛冰：在本书的序言中，我写下了这样一段话："读者有理由要求听到新故事，但更有意义的是从旧故事中读出新知。对历史多一分敬畏，对城市多一分情怀，对读者多一分尊重，当是一种基本的态度。"这可以算是我对南京书写的一种理想。

若说期待，也有一点：作为中国唯一的"世界文学之都"，南京至今没有一部文学通史，没有一座文学博物馆。如今"文学之都经典文库"在陆续出版，南京又在建设"博物馆之城"，筹建文学博物馆，组织专家学者撰写《南京文学史》，也可以提上议事日程。

看得见
的
生活

徐迅雷

杭州日报首席评论员

写作"慈行"就是

为苍生说人话

　　徐迅雷先生是老朋友了。他长期活跃在媒体评论第一线，评论佳作不断，屡有新著出版，笔耕不辍，饱含情怀。

　　近日，新著《慈行三部曲》问世，再次引发社会关注。

　　本期政邦茶座邀请他共话"慈行"——从评论家的视野展开了对话，畅谈教育、人生、文化等命题。

高明勇： 徐老师好，首先祝贺"慈行三部曲"系列新作问世。说到"慈行"，我们会说，以慈心满怀为持心之法，以慈行遍地为行为指南。不知您如何理解"慈行"？

徐迅雷： 感谢明勇先生！您第一个问题就是一个很好的问题。的确，"以慈心满怀为持心之法，以慈行遍地为行为指南"，慈心慈行都是慈悲。当初我把书稿交给广西师范大学出版社的时候，一开始用的是"慈航三部曲"，后因为种种不可抗因素，于是和编辑商量，改成了"慈行"。

世界读书日那天，我到家乡浙江丽水的日益书院做阅读分享，书院院长卢朝升先生说，"慈行"挺好，

"慈"是心怀，"行"是行动，两个字结合在一起，更具王阳明"知行合一"的意蕴。

"慈行三部曲"的封底，印着相同的简介文字，开头一句是"慈行慈航，是爱是暖，是千阳是熙光，是此岸是彼岸，是心心相印，是你我守望……"这里仍然出现了"慈航"一词。

"慈航"其实早已是个通用的现代词。我年轻时读著名诗人昌耀的组诗《慈航》，被震撼到了，就想：将来写一部主题词为"慈航"的书，可好？

高明勇：所以就决定以此作为三部曲的关键词？

徐迅雷：无论是"慈行"还是"慈航"，关键词都是"慈"字。"慈"字其实是离不开"悲"字的，就是"慈悲"。1942年10月13日弘一大师圆寂，临终前3天他写下7字绝笔"悲欣交集　见观经"，这里的"悲"就是"慈悲"。《大智度论》第二十七卷中对"慈悲"的阐释："大慈，与一切众生乐；大悲，拔一切众生苦。""悲欣"体现了弘一大师的博大情怀："悲"是拔一切众生苦，"欣"乃与一切众生乐。

我的"慈行三部曲"，其实并没有直接涉及宗教的内容。但"慈行"是一种爱与善的温暖，这一点本质上是相通的。写作的"慈行"，本质上就是"为苍生说人话"。

高明勇："慈行三部曲"选择人生、教育、文化这三个主题，有无特别的考虑？是从过往文章中梳理出来的，还是特意去结合？

徐迅雷："慈行三部曲"总共有百万字，每部超过30万字。选择人生、教育、文化这三个主题，一是因为这三个主题与"慈行"紧密相关，二是因为这三个方面的评论文章这些年来写得多。

有评论说，《教育慈行》《文化慈行》《人生慈行》充满着对教育的热情、对文化的呵护、对人生的关爱，确实是这样。本来这个"三部曲"要早一年出版的，因为《文化慈行》这本换了许多稿子，靡费了许多时间。

"慈行三部曲"中的文章绝大部分都是已经发表过的，文章选择跨度有十余年，但主要是近些年的作品。我较早就列好了三个题目，不同的文章写好了就归类添加，很快每部书稿就超过了40万字。广西师范大学出版社罗财勇先生，十多年来一直是我书稿的责任编辑，他前年打电话向我约稿，我说想出个"三部曲"。后来交过去的书稿，每部都是40多万字，编辑真是受累了，编一本书等于编两本书，最后就有了今天的"慈行三部曲"。

不同于过去的集子，这三本书中，每一辑前面都有"开场白"，是我想表达的内容的精华所在。我提供给出版社的封底介绍，提炼了每一辑的要义：

教育慈行，燃灯授业，成就一生：

"师道一灯燃"，谈师道，说师魂；

"授业一稔熟"，谈教书，说立人；

"解惑一寸金"，谈困惑，说出路；

"毕生一乾坤"，谈学习，说成长；

"文苑一字锦"，谈考试，说作文。

文化慈行，春风化雨，文化化人：

"人文一脉承"，谈传承，说文明；

"莳花一犁雨"，谈文化，说书香；

"艺文一瓢饮"，谈人文，说影视；

"阅读一枝栖"，谈读书，说作品；

"锦瑟一弦心"，谈文本，说心声。

人生慈行，公益慈善，护生保障：

"公益一湛天"，谈公益，说慈善；

"耄耋一柱弦"，谈老龄，说老年；

"护生一苇行"，谈医疗，说健康；

"群己一鹗鸣"，谈社会，说权益。

心之所向，一苇以航。让我们共同开启慈行之旅……

高明勇：在网上有不少人对《教育慈行》专门留言评价。有网友在读过之后称，做父母的都应该看一看，看看到底该如何培养孩子。教育一直都是一个老生常谈的话题，我知道您教育女儿很成功，有什么心得吗？近年来，"鸡娃"盛行，很多家长称为此感到焦虑。您如何看待这一现象？

徐迅雷： "慈行三部曲"是汪洋大海中的三艘小船，带头的是《教育慈行》，收录了有关教育的思考评论文章，有评论说道："纵论基础教育、高等教育、特殊教育、家庭教育、终身学习、励志成长等，有褒扬，有批判，有呼号，更有期待。"

这本书主要是写给教师和家长们看的，为培养孩子深感焦虑的家长尤其要看看，里头专门一节就是谈"父母家长，缓解焦虑"的。高中生则可以看看最后部分，那是连续7年对高考语文作文题的分析。

高明勇： 经常看您在朋友圈晒自己女儿的照片，她很优秀。

徐迅雷： 书中有一篇是《博士女儿的成长》，女儿徐鼎鼎是全国陆生（内地生）中首位完整经历台港本科与硕博教育的女博士，前后历时十年，其中在台湾读本科4年、硕士3年，然后在香港中文大学读博3年，学的是中国古典文学专业。她十年的学业成绩极好，而且受到了良好的学术训练。她的硕士论文《春秋时期齐、卫、晋、秦交通路线考论》，属于"冷门绝学"，即将由广西师范大学出版社出版，已列为该社"大学问"重点图书。这是她继《认知与情怀》（中国书籍出版社）、《古典新探》（浙江古籍出版社）之后，又一部学术著作，也是她从香港中文大学博士毕业之后即将出版的第一部新著。

我向来认为，孩子的教育培养，从小要有两个"养成"：一是养成好的品格，尤其是善良的品格、坚韧的品格；二是养成好的习惯，尤其是阅读的习惯、锻炼的习惯。从家长的角度看，最重要的是"赏识教育"，因为"孩子是夸出来的"。我希望家长们千万不要把"爱的教育"变成"恨的教育"，恨孩子这个不行那个不行，恨孩子不能成钢，甚至为了做作业不让孩子休息，剥夺他们玩的权利、快乐的权利，那就适得其反了。

人生可以不成功，但不能不成长，家长同样也需要成长。《教育慈行》这本书如果能够帮助家长以及教师有所成长，那就 OK 了。

高明勇：记得我刚毕业时就编辑过您的文章，那时好像您是在从写杂文向写时评转变，杂文家到评论家，在这个转型过程中，对您来说最大的挑战是什么？

徐迅雷：那是新闻评论的黄金时代。其实我最早是写诗的， 18 岁时写的诗歌处女作发表在《飞天》"大学生诗苑"上，那是二十世纪八十年代初。后来我还出版过一本诗集《相思的卡片》，也印了好几次。

再后来写散文随笔杂文，甚至也写过小说。我 1999 年"弃政从文"之后，是从调查记者起步的，写过一些新闻作品，不过很快转向新闻评论的写作，赶上了新世纪开始的新闻评论热潮。我那时几乎每天一篇，是"井喷式"写作，在全国开设新闻评论版面、栏目的报刊、几乎都发表过。当年《文汇报》资深编辑、杂文家朱大路老师说过一句"名言"："既要追捧徐静蕾，也要宣传徐迅雷。"

其实好的、有文采的新闻评论也是杂文。对我来说"最大的挑战"是我不愿意放弃杂文，我是学中文出身的，从骨子里热爱文学，总是想把时评写成杂文，我当年说过一句话："取时评之素材，写杂文之华章。"不过后来纯粹的杂文确实不怎么写了，而且发表杂文的阵地也严重萎缩了，《杂文报》都停刊了，是个遗憾。

高明勇： 近年来您潜心评论写作，笔耕不辍，写出了大量有特色、有影响的评论文章。前期的杂文写作为您后来的评论写作带来了哪些优势？

徐迅雷： 作为新闻人，每天紧盯着新闻事件，有许多感受，写下来就是新闻评论。确实有不少评论篇章影响比较大，比如最近我应蒋丰总编辑之邀，在日本华侨报网站写国际视角、"准专栏"式的评论，篇章几乎都是两三千字的，反响比较热烈。我也是"说人话，切热点，有态度"，比如这些文章：《师者马云：走向教育，走向国际》《缅北，应该有和不应该有的"双向奔赴"》《"言弹危机"与应急处理》《"酒店刺客"刺伤了什么》《"数字经济"时代更需注重"数字人文"》《呵护地球，除了合作别无选择》《丫丫，不止是熊猫丫丫》，等等。

其中有一篇《吁请当机立断恢复陆生赴台求学》，

民革浙江省委会有关领导看到后，建议做成一个参政建言意见或社情民意信息，供有关方面参考。之后稍作改编，由民革浙江省委会上报，他们告诉我，已被民革中央采用，并报全国政协和中央统战部。尽管不一定有终极效果，但发出呼声还是很重要的。海峡两岸不应中断教育文化的交流。

　　杂文为评论写作带来的优势，那就是重视表达、重视文采。"言之无文，行而不远"，有"悦读"才会有阅读。我是《南方周末》2020年评论网络音频课的授课教师之一，谈的就是"言之有文"。《南方周末》这个网课卖得挺好，后来大家的讲义汇编成一本《南周评论写作课》，2022年1月由人民日报出版社出版，没想到比网课还卖得好，已经多次印刷。

　　高明勇： 时评和杂文究竟有何区别，前些年业内也都有讨论，争来论去，尚无定论。在您看来，二者有何异同？

　　徐迅雷： 我有个比喻：时评像西药，杂文像中药。

高明勇："为苍生说人话，为进步说真话"，这是您从事新闻评论写作和杂文创作的理念。这个道理简单，但知易行难。您认为怎样才能"说出人话""讲出真话"？

徐迅雷："为苍生说人话，为进步说真话"，这个既难又不难。一直坚持说人话、讲真话，就会形成习惯；如果像官场习惯于说官话、说大话、说套话甚至说假话，时间久了，也会形成习惯。

由于环境的影响，说人话、说真话确实越来越难，那么可以"真话不全说，假话全不说"。在新闻评论里使用杂文的春秋笔法，其实挺别扭的。

现在看"慈行三部曲"里的文章，无论是之前写的还是新近写的，都是秉持"为苍生说人话，为进步说真话"的理念的。

高明勇：您曾经说过，人生从业有三个境界：第一层是职业境界；第二层是事业境界；第三层是公益境界。多年来，您一直潜心公益事业，是一种怎样的动力让您一直把公益坚持了下来？

徐迅雷： 我所理解的人生从业"三境界"是这样的：在初级阶段的职业境界，以工作换取报酬，敬业尽责为重，这需要职业精神；在第二层面的事业境界，报酬多寡已不重要，重要的是实现自我价值，这需要事业理想；在最高层面的公益境界，是为公共利益服务，致力于实现人类世界的共同价值，这需要人间情怀。

现在人们相聚在一起，自然而然形成的话题，很少会谈及慈善公益，谈房子、票子、孩子的会比较多，这让我很感慨。多数人还处在第一层面的境界，距离公益境界还比较远。

我的慈善公益理念是及时行善，幸运的人要去帮助不幸的人。公益慈善，人生慈航，要将爱心进行到底！

"坚持公益"这个说法也没有错，但是做公益主要不是靠"坚持"，而是成"习惯"。及时行善，也是形成了习惯。

高明勇： 能否简单介绍下，您的公益"习惯"都有哪些？

徐迅雷：《人生慈行》中的第一辑《公益一湛天》，是专门谈公益慈善的。"爱心最难沉静"，我做公益主要是三个方面：一是直接捐款，以帮助寒门学子为主；二是捐赠书籍，包括自己的著作；三是以自己的长处做文化公益，主要是开设公益讲座。我是工薪阶层，收入并不高，累计捐赠一百万多一点。

从 1997 年下派到浙江青田县海口镇担任镇党委书记开始，我每年捐赠 1 个月的收入；最近这几年有所增加，大致是捐赠 2 个月的薪酬收入。主要就是为考上大学的寒门学子助上一臂之力，每年至少捐助 3 位贫困大学生，每人 6666 元。

捐赠书籍主要是两方面：一是自己的著作，从出版社批量买来，多数是签名赠送。在浙江大学传媒与国际文化学院，我讲授《新闻评论》这门本科生的必修课，已经好多年，每年都是给学生送书。今年班上七八十位学生，每人拿到我的签名书至少有 4 本：一是刚出版的"慈行三部曲"，每位学生从中挑选一本；二是《南周评论写作课》，这本书是新闻评论课程的很好的参考书；三是"中国杂文（百部）"《徐迅雷集》，这是杂文评论写作黄金时代的选本，书不厚，已出版了 3 个版本，十多次印刷；四是我其他的十多种著作，由学生自己选择一本。还有，我连续两年给母校丽水学院一年级新生捐赠自己的著作，每次都是 1300 多本。这次"慈行三部曲"出版后，我向出版社买了十万元的书用于公益，我说这是"百万字的三部曲，十万元的公益送"。

另外就是我把自己的 3 万册藏书分批赠送掉了。这些是我历经半个世纪购买收藏的书籍，先后捐给浙大宁波理工学院传媒学院、丽水日益书院和浙江文学馆等几家单位，全部有了去处。我说我是"捐了整个书房"。

公益讲座是重要的公益活动。在今年"世界读书日"前后，安排了多场有关读书的分享讲座，不仅在杭州，还去了省内的台州黄岩图书馆、丽水市、青田县等地，做阅读分享，签赠图书，忙得连轴转。我说这是"世界读书日，锵锵公益行"，世界读书日，其实也是"公益分享日"。

高明勇：多年前，您"弃政从文"，毅然决然地放弃体制内的工作，专心于"写"。这一做法在当下可能很多年轻人看来并不是很理解，您为何做出这一选择？

徐迅雷： 我在 1999 年"弃政从文"，而且是"裸辞"，是因为感到还不干自己感兴趣的事情，这一辈子可能要毁掉了。后来我在都市快报、杭州日报工作，都把主任的职务给辞掉，专心从事评论写作，也是一样的想法。人生在很多时候，方向和选择比努力还重要。如果没有当年那样的选择，就不会有现在 20 多本书籍的出版，以及还有一批书稿等待出版。

高明勇： 对当代年轻人的"择业困难症"，您有何建议？

徐迅雷： 如今的年轻一代，相比于"择业困难症"，我觉得更大的问题是"无业可择痛苦症"。2023 年我国高校毕业生达到 1100 多万人，这是继 2022 年首破千万后再创新高。专科生找不到工作，可以专升本；本科生找不到工作，考研成为重要选项；硕士毕业如果找不到工作，又得考虑读博；博士还找不到工作，则去做博士后；总不能连博士后也找不到合适的工作……经济的

"水"涨了，就业的"船"就高了，但现在的"水落船低"需要警惕。所以年轻人有基本适合的工作先去干，从最基层做起并不可怕，人生的"今后"一定是有变化、可变化的。

高明勇： "世界读书日"刚刚过去，我知道您非常喜欢阅读，藏书颇丰。在读书这方面您有什么心得体会？可否给其他正在学习评论写作的读者推荐一些书目？

徐迅雷： 最是书梯能登高，最是书香能致远。人其实是很矮小的，都是被书给垫高的。我每年买书大约要花3万元，家里藏书放不下，"书满为患"，于是就分期分批赠送掉。

"世界读书日"我做阅读分享，有个讲座名称就是《最是书香能致远》，谈人文阅读，推荐好多书。对于学写评论的读者，完全可以看我的任何一本评论作品集，无论出版时间是早是迟，都没有过时。

评论写作，阅读和阅历两者不可或缺。如果阅历不够，那么需要阅读来补。我在浙大讲授《新闻评论》课，给学生推荐过的书籍有上百种。这里从"言之有识"的角度推荐几本吧：

一是《沉思录》，古罗马帝王哲学家马可·奥勒留写的，一个个片段都是哲学思考，吉光片羽，穿透千年，没有过时。朱汝庆先生翻译的版本我最喜欢，梁实秋翻译的版本也挺好。

二是犹太人智慧书《塔木德》。"重庆出版社、上海三联书店出版的精选译本比较正宗。

三是斯坦福大学心理学教授、美国艺术与科学院院士卡罗尔·德韦克的《终身成长》。我们需要积极思维、成长思维，要从固定型思维模式转变为成长型思维模式。德韦克凭借这项"成长心理学"的研究成果，在2017年荣获了首届"一丹奖"，奖金3000万港元。"一丹奖"由腾讯主要创始人陈一丹于2016年在香港创立，是全球最大教育单项奖。

四是彼得·海斯勒的"中国三部曲"，尤其是第一部《寻路中国》。第三只眼睛看中国，彼得·海斯勒是最厉害的，他善于思考、观察、写作，他的书拿起来就放不下，会让你一口气看完。

以上几本都是"老外"的书。

第五个我想推荐周有光，"汉语拼音之父"，中国的"两头真"老先生，我家书架上有他的全集。他是老而弥坚的思想家，他有一句名言，"要从世界看国家，不要从国家看世界"。《周有光百岁口述》《我的人生故事》《朝闻道集》《晚年所思》《常识》，等等，本本精彩。

高明勇：您"弃政从文"后一直生活在杭州，如何看杭州这座城市，杭州对您的写作生活有何影响？

徐迅雷：有一首歌《梦想天堂》，就是唱杭州的："我们的家住在天堂，碧绿的湖水，荡漾着美丽的梦想……"我生活的杭州，自 2004 年开始评选"中国最具幸福感城市"以来，年年入选，一直蝉联，是全国的"幸福示范标杆城市"。我挺喜欢杭州的。杭州也是著名的历史文化名城，我曾经写过一篇长文章《杭城群星闪耀时》，当年发表在《南方人物周刊》上，后来成了我的一本评论集的书名。

杭州是我写作、生活的"基地"，"慈行三部曲"中不少篇章就是写杭州的。杭州比较重视文化，这对文化人来说，无论是直接影响还是间接影响，都比较大。我在《都市快报》做评论员时，南方报系中有几家希望我能跳槽去，我都没有动心，一是因为喜欢杭州，二是因为《都市快报》有好领导总编杨星。我就不想动了。再过两年我就退休了，我这个曾经的"新杭州人"就要变成"老杭州人"了。

李文钊

中国人民大学
公共管理学院教授

"接诉即办"真正实现

向互动性治理转变

对于每个城市来说，"治理"都是一个基本问题，也是一个重中之重的问题，对于首都北京而言，挑战更大。如何探索"构建超大城市治理体系"，其"接诉即办"构建了市民诉求驱动城市治理创新的新模式，也被写入国家"十四五"规划纲要。

中国人民大学首都发展与战略研究院副院长、公共管理学院教授李文钊，近年来高度关注"接诉即办"，他提出，"接诉即办"需要被善用而非滥用，未来"接诉即办"机制运行到理想状态时，应该是"机制运行顺畅，但用的人并不多，因为很多问题已得到解决。"

本期政邦茶座邀请到李文钊教授，一起谈谈城市治理层面的"接诉即办"。

高明勇：李教授好，我们认识十几年了，虽然也有几年没见了，但是知道您一直在关注"接诉即办"问题，并且反响很大。这些年基层治理创新一直不断，类似的新说法也不时涌现，您怎么看待"接诉即办"与"一网通办""最多跑一次""一网统管"等创新方式的异同？

李文钊："接诉即办"改革代表了基层治理创新，甚至城市治理创新的最新进展，应该说是"一网通办""最多跑一次""一网统管"等改革的迭代创新。

这些改革至少有三个方面的共同点：

一是这些改革的出发点和落脚点是"以人民为中心"，它们都是"以人民为中心"思想在政务服务、城市管理和基层治理方面的具体体现，没有为民服务的情怀，就不会去推动这些改革，本质上是以人民生活幸福为落脚点。

二是这些改革都是处理政民之间关系，试图通过优化政民互动，来提升政府效率，实现人民满意的服务型政府建设，重新调整人民和政府之间关系，本质上是人民公仆的回归。

三是这些改革都是在人工智能、信息技术、大数据等技术变革背景之下展开的，从某种程度上看是政府治理对技术创新和技术变革的回应，也是政府治理适应新技术的具体尝试。

高明勇： 最大的差异在哪？

李文钊： 尽管"接诉即办"与这些改革有一些共同特点，但是它们还是有一些本质差异。我认为，"接诉即办"改革与这些改革的差异关键在于该项改革把政民互动推进到一个新的境界，实现了政府与民众之间跨越时间和空间的无缝隙、持续和全面的互动，真正在向互动性治理和适时回应性治理转变。

"最多跑一次"和"一网通办"主要还是聚焦政务服务，这些政务服务对于民众而言频率不会太高；"一网统管"主要是城市管理，它是面向决策者，通过信息技术来感知城市，来为决策者赋能；而"接诉即办"是围绕着市民对政府的诉求展开，这种诉求"只有进行时，没有完成时"，并且发生频率高。

高明勇： 您说"接诉即办"的关键在定位和目标明确合理，这个结论如何得出的？

李文钊： 判断一项改革是否成功，至少可以有三个维度，我把它称为目标维度、效果维度和理性维度。

所谓"目标维度"，就是强调这项改革追求什么目标，目标是否合适，目标能否经受时间检验，目标是否与人民期望和未来发展方向一致。"接诉即办"改革的定位和目标十分明确合理，它就是要实现"民有所呼，我有所应"，解决民众的急难愁盼，实现"以人民为中心的发展思想"。

所谓"效果维度"，就是强调这项改革是否实现了预期的目标，是否真正对人民有益，否则就是空中楼阁。"接诉即办"改革非常强调民众对于诉求办理的主观评价，构造了响应率、满意率和解决率的指标体系，解决率从40%多上升到90%多，这本身就是改革效果好的证明。

所谓"理性维度"，就是强调这项改革是否遵循科学的逻辑，在目标和手段链条上是否符合理性，能够经受时间检验，具有演化理性。"接诉即办"改革所采取的一些手段和措施，包括"吹哨报到""闭环管理""每月一题""主动治理、未诉先办""治理类街乡整治"等一系列举措，都是在探索如何快速、有效和及时回应市民诉求，使问题得到解决，具有可推广性、可复制性和可借鉴性。

正是基于上面三个维度，我个人愿意对"接诉即办"改革持正面评价。当然，这并非意味着这些改革不存在问题，问题总是有的，而不断解决问题则是这些改革的魅力。

高明勇：您有一个评价，就是说城市治理存在抽象的追求、价值和目标，这些好的价值追求需要在一个个具体问题解决中得到体现，最终体现在日常生活琐事的治理中，归根到底是围绕城市中人的问题展开。而"城市中人的问题"又是很琐碎的，"接诉即办"面临的评价可能也有主观的和客观的，这个问题您怎么理解？

李文钊：价值一定是面向共同体的规范，它是人们的集体认知、理解和共识。而这些价值要真正发挥作用，成为活的价值，就需要能够规范日常生活，这也是中国古代强调"知行合一"的原因所在。城市治理的价值也不例外，它也需要在具体场景中得到检验，并且围绕"城市中人的问题"来展开。每个人对于城市治理有不同感知，这使得他们会得出不同评价。而每个人的评价，又是集体评价的基础，这也是所谓民意的产生原理。

"城市中人的问题"的琐碎性，这是诉求类型多样性的基础，也是"接诉即办"的难点所在。"接诉即办"需要直面每一个鲜活的个体诉求，对其进行回应，涉及政府职责范围的合理诉求，需要及时办理，涉及政府职责范围之外，或者棘手难题暂时不能够得到解决的，就需要做好说服工作，来获得民众的理解和支持。"接诉即办"背后人和事的差异性、多样性和复杂性，必然会使得对"接诉即办"评价存在主观性，对于同样一件诉求办理，当事人和非当事人会有不同认知，当事人和办理者也会有不同认知。

在很多时候，由于信息、价值和沟通等各个方面原因，诉求者和办理者都会觉得很委屈，相互不理解，而这正是治理需要面对的更深层次问题。"接诉即办"评价的客观性，主要是从两个方面来理解，一是涉及"接诉即办"所涉及诉求和事实本身的客观性，这是客观评价的基础，即所涉及问题是否得到解决。二是涉及"接诉即办"由公正第三方进行评价来产生的主观评价客观化，即当由非利益相关者来对诉求办理事项、过程和结果进行评价时，有可能得出相对客观的评价，这类似于法官的作用。事实上，北京市在社区层面引入"议事厅"和"圆桌会议"等机制，就是要在促进主观评价的客观化方面进行探索，形成公正的第三方评价。

高明勇： 您指出"储备更多的政策工具箱"，是继续深化"接诉即办"改革的关键，目前应该储备哪些"政策工具箱"？

李文钊： 工欲善其事，必先利其器。深化"接诉即办"改革，最终目标还是推动问题解决，因此，"接诉即办"关键在办，要寻找解决问题的工具和手段。要储备更多的"政策工具箱"还是要围绕着"接诉即办"所面临的诉求和问题展开。通常而言，越是简单的问题，越容易解决，越是棘手难题，越需要更复杂的政策工具来应对。

对于储备"政策工具箱"至少应该包括三类：

一是对于棘手难题和复杂问题解决的"政策工具箱"，由于这类问题属于结构不良问题，要解决需要使用多种不同的政策工具才能够发挥作用；

二是对于跨部门、跨层级和跨区域问题解决的"政策工具箱"，这类问题应该说是上一类问题的一个子级，但是由于它们具有典型性和代表性，值得给予单独关注和重视；

三是对于实现"主动治理、未诉先办"的"政策工具箱"，通常而言，"主动治理、未诉先办"常常比直接应对更为困难，它需要治理主体具备前瞻性、系统性和主动性等能力，能够在问题产生之前解决问题，或者采取一些措施避免问题产生。储备"政策工具箱"既是对此前"接诉即办"改革经验的总结过程，也是提升治理能力的过程，更是首都治理体系和治理能力现代化的应有之义。

高明勇： 在"接诉即办"的过程中，从市民的"个人感知"到"公共表达"，发生了哪些变化？

李文钊： 从市民的"个人感知"到"公共表达"，这是一个从个体到一般、从具体到抽象、从要素到系统的过程，它是治理主体基于市民诉求再建构的过程，也是从被动式回应向主动式回应转变的过程，更是发挥治理主体积极性和主动性的过程。

事实上，正是通过实现市民诉求的"个人感知"到"公共表达"的转变，实现了"接诉即办"改革的深化，这也使得这一改革有可能探索一条有中国特色的超大城市治理新路。

诉求起源于市民的"个人感知",这些"个人感知"能否纳入政府的议程采取行动,取决于诉求事项是否属于公共事务范畴,是否需要政府采取行动。事实上,这些"个人感知"可以发挥信号的作用,它是政府之前行为效果的反馈。同样,政府可以基于这些"个人感知"重新思考自身的治理行为,从中找到治理中的不足和弱点,采取集体行动,既可以减少市民诉求,又可以避免新的诉求产生。

因此,从市民的"个人感知"到"公共表达",这是一个理性化过程,也是治理能力和治理水平提升的过程。正是因为"公共表达",使得"接诉即办"改革迈向新阶段。当前,北京市推行的"主动治理、未诉先办"改革,尤其是以"每月一题"为代表,都是"公共表达"的具体行动。

高明勇: 问题总是解决方案的最好"催化剂",也是"制度生成之母"。在法治化方面,"接诉即办"提供了哪些启示?

李文钊： "接诉即办"改革很好地将改革与法治相结合，创造了一种改革与法治协同共进的新范式。改革和创新常常存在不可持续的风险，这也浪费了公共资源。而一旦改革和创新上升到制度和法治层次，就为改革和创新的可持续性奠定了基础。当然，任何一项改革和创新是否能够持续还是取决于它能否解决问题，能否改善治理水平、提升治理绩效。

"接诉即办"改革在实施过程中，就非常重视制度建设，围绕着诉求办理、绩效考核、"每月一题"等建立了一系列制度，使得"接诉即办"有规可依。在从事制度建设的同时，"接诉即办"改革更是向前迈进一步，将城市治理改革实践上升到法规层面，于2021年9月出台了《北京市接诉即办工作条例》，这是国内首部针对"接诉即办"的立法，这部法律也被称为"为民服务法""制度保障法""深化改革法""首都原创法"。与此同时，《北京市接诉即办工作条例》的立法过程也体现了全过程人民民主的思想，将治理的理念引入立法过程，通过"开门立法"广泛征集民意，使得立法过程也成为一个提升治理科学化水平的过程，促进社会各界对"接诉即办"形成共识的过程，这些立法过程有利于保障法律的实施。

高明勇：能不能这样理解，"接诉即办"做得最好的时候，也是最值得反思的时候，因为政府部门把所有事情都做了，留给民众自治和社会组织协调的空间也被大幅压缩了。如何界定"接诉即办"的边界？

李文钊：确实，"接诉即办"做得最好的时候，也是最值得反思的时候。当然，这种反思并非意味着政府部门把所有事情都做了，留给民众自治和社会组织协调的空间被大幅压缩了。事实上，"接诉即办"改革是一个推动社会治理共同体形成的过程，并非政府唱独角戏，民众自治和社会组织协调是其中应有之义。政府的能力、资源和职责都是有限的，并不能够处理所有的诉求。并且，很多市民诉求本身需要市民通过居民自治和依靠社会组织来解决，这并非零和博弈的过程，而是一个双赢的过程。

高明勇：能不能结合调研中的案例来分析一下？

李文钊：以老旧小区改造为例，没有市民的参与，就不可能成功改造和更新。很多棘手难题都需要多元治理主体通过协商、对话、谈判和沟通等达成共识，最终发挥各方力量促进问题解决。因此，不能简单说"接诉即办"会使得政府部门把所有事情解决了，留给民众自治和社会组织协商的空间减少，产生了治理的"挤出效应"。对于"接诉即办"的边界还是要回到政府的"三定方案"中，围绕政府的职责展开，其核心还是公共事务与私人事务的边界问题，对于属于"公共事务"范畴的事项，需要政府来解决。即便属于"公共事务"范畴的事项，也需要引入治理思维，并非政府唱独角戏，而是需要多方协同，通过合作来促进公共事务的有效治理。

高明勇：如何把基层治理创新的好方法进行更大范围的推广？或者说，首都的经验在其他城市会面临哪些问题，在农村是否同样适用？

李文钊：关于基层治理创新的好方法在更大范围的

推广，这是一个"治理扩散"的过程，至少包含两种途径，一种是官方的途径，一种是学术的途径。

对于官方的途径而言，就是更高层级的政府用规划或者以通知等方式对一些具有可复制、可推广的典型经验进行推广，这是一种政府自上而下的过程。例如，北京市的"接诉即办"改革就在国家的"十四五"规划中作为典型经验被推广，另外，国家发改委等部门也会对地方的一些典型经验进行推广，让更多的地方学习。

对于学术的途径而言，就是学者针对一些治理创新进行深入研究，形成研究报告、论文、著作等，这是一个知识传播的过程。有了学者的理论性总结和思考，就为其他地方学习和借鉴经验节省了成本，他们能够更便捷地学习其他地方的经验，有可能自愿采纳这些好方法，这是一个横向"治理扩散"的过程。

当前，很多地方都主动借鉴首都经验，包括内蒙古呼和浩特市、河北省保定市、浙江省湖州市、深圳市公安局等地，"接诉即办"改革正在被多层次的政府广泛学习和借鉴，这说明这一改革具有一定的可复制性、可推广性。简而言之，对于城市而言，"接诉即办"的经验完全适用。至于对于县域和农村是否适用，这需要进一步讨论。

高明勇： 我看您提出一个建议是成立"接诉即办局"，必要性有多大，和现行的政务服务大厅是否有不少重复的功能？

李文钊： 我在《北京市接诉即办工作条例》起草时，曾经就"接诉即办"的职责问题提出过成立"接诉即办局"，当时的想法是要有专门的部门来负责这一事项。目前看，北京市政府采取了由政务服务局来承担这一职责，应该说也是合理的。"接诉即办"首先要依托12345市民服务热线，而政务服务局当前也被赋予政务服务热线治理职责，并且也承担政务服务功能，需要与很多政府部门打交道。而"接诉即办"除了需要与街道、区政府打交道之外，也需要与政府部门打交道，从这个意义上看，政务服务局具有一定的优势。例如，"接诉即办"中有很多涉及市民的咨询事项，政务服务局就可以利用自身优势建立知识库，及时、快速和有效地从事咨询服务。目前看，北京市"接诉即办"改革的体制机制还是比较顺畅的，形成了自上而下、多层级、跨部门的治理体制机制。

高明勇： 我看不久前国家疾控局相关负责人表示，"新十条"措施出台以后，国务院联防联控机制综合组将原来的"整治层层加码问题专班"调整为"优化调整接诉即办专班"，继续利用现有的工作机制和群众投诉渠道，及时收集、转办、核实、督办群众投诉问题线索。这是否意味着"接诉即办"的经验在其他领域开始复制？

李文钊： 应该说，国务院联防联控机制将原来的"整治层层加码问题专班"调整为"优化调整接诉即办专班"，以及教育部开始推行"接诉即办"机制，对于"接诉即办"改革而言是一个重大转折点，它意味着"接诉即办"作为一项治理经验实现了自下而上的"治理扩散"。随着自下而上的"治理扩散"完成，未来"接诉即办"会有更多的"自上而下"的"治理扩散"，以及横向的"治理扩散"。

当然，这也是"接诉即办"从一个领域向另一个领域扩散的过程，这说明其外部效度会得到提升。

高明勇： 您如何评估"接诉即办"的未来实践场景，以及可能遇到的现实挑战？

李文钊： 对"接诉即办"的未来实践场景，还是离不开其核心要素和关键机制，也就是说，只要其核心要素和关键机制能够与问题情景和任务情景相匹配，"接诉即办"改革就会发挥作用，就会取得好的成效。

对于"接诉即办"改革而言，政民互动、问题解决、快速回应、有效办理、及时反馈、月度点评、绩效考核、为民服务、闭环管理、主动治理、未诉先办、每月一题等都是其要素和机制，它本身是一个随着改革推进而不断丰富和完善的过程。这也意味着，其要素和机制既可以全部被学习、借鉴和实践，也可以被部分使用。无论实践场景如何变化，"接诉即办"改革为民服务的初衷不会改变，问题解决的关键不会改变，预防问题的前瞻思考不会改变。解决好这些问题，就能够应对各种挑战，并且在挑战过程中实现新的深化。"接诉即办"遵循"国之大者"逻辑，有了这个理想和目标，就一定能在实践中应对各项挑战，实现让人民生活幸福的治理追求。

张明斗

东北财经大学
经济学院副教授

别把韧性城市

当作绝对概念

智慧城市、海绵城市、韧性城市、低碳城市、智能城市……不管是遭遇疫情，还是遭遇自然灾害，都让公众对"城市"前面的"形容词"重新打量，也充满期待。

事实上，这些词语背后，一方面彰显着城市的方向，带动一系列的城市建设，另一方面，也暗示着城市在迅速"补课"，希望达到更安全、更韧性、更宜居的状态。

本期政邦茶座邀请到张明斗博士，他在新作《中国韧性城市建设研究》中，勾勒出自己对"韧性城市"的画像。

高明勇：最近一段时间，因为疫情防控，一些城市出现"鲜花寂静、水流无声"的静默状态。在疫情防控的语境下，韧性城市的建设，还有没有捷径可走？

张明斗：韧性城市建设是一个长期持续的工作，所带来的效应也是长期的，若要发挥韧性城市的作用，还应当稳扎稳打，不能急于求成。

好比一个人想要更好地抵御病毒，就需要长期锻炼身体，增强免疫力，"韧性城市"建设也是一样的道理。疫情反反复复，但是我们每次的管理相较之前都是在进步的，这都为我们以后的管理提供了经验。

这次疫情也为韧性城市建设提供了许多经验，比如：优化应急顶层设计，完善城市建设规划；强化应急管理体制，提升资源调度效率；健全风险评估体系，推进风险治理建设；加大安全宣传教育，提高民众的防护意识；等等。

高明勇：一般来说，韧性城市具有城市系统的多元性和复杂性、城市组织的适应性和灵活性、城市系统的储备力和配送力等方面的特质。疫情反反复复，对城市系统的储备力和配送力提出了更高的要求。在这方面，您有何建议？

张明斗：在这方面我认为需要将城市系统的储备力和配送力与大数据相结合，推动储备和配送的信息化与智慧化建设，积极引入大数据、云计算、物联网等技术。在这些现代信息技术的支撑下，对储备和配送情况的数据进行收集和技术性分析，掌握相关要素的动态变化过程。

在此基础上，深入了解城市供给和需求，总结相应规律，通过数据宏观掌控城市储备和配送之间所存在的问题，并采用精确匹配的治理手段，达到城市资源配置的最优化；面对当前城市储备和配送的需求个性化、问题多元化的现状，更应该精巧搭配大数据治理手段，有机整合，使储备和配送发挥最大效用，真正实现智慧储备、智慧配送。

高明勇：城市的韧性强调小概率，是因为大概率发生的事，城市平时就必须能够正常应对，这是城市的刚性需求。对于小概率事件，城市发展过程中花费多大代价去应对或者预防则是一个经济学问题了。在韧性城市建设中，应该如何平衡成本和收益的问题？

张明斗：作为国家的战略性思考，韧性城市将成为未来各城市建设的目标和运行的新模式。无论是大概率还是小概率，韧性城市建设都是必然的，尤其是在新时代背景下，韧性城市建设更是需要加大力度，这是对人民负责、对国家负责。实际上，韧性城市建设也涉及相关的成本收益问题，成本包括建设成本、运营成本、监管成本、维护成本等，而韧性城市建设的收益不仅仅体现在经济收益，还有社会收益，尤其是社会收益将成为我们关注的焦点。

在一切为了人民、以人为本的大原则下，韧性城市建设尽管可能会出现经济收益较小的可能，但只要社会收益较高，我们就应该将这个事脚踏实地地落实，而不应当单纯考虑经济收益，否则韧性城市的建设就失去了意义。

高明勇： 城市的韧性，具有物质韧性、制度韧性、经济韧性、社会韧性和市民心理韧性等多重维度。就目前城市化进程来看，哪种维度更值得重点关注？

张明斗： 这几个方面对韧性城市建设而言都是很重要的，并且这几个维度之间有着重要的内在联系，制度韧性是根本，物质韧性和经济韧性是保障，社会韧性和市民心理韧性是依托，它们作为韧性城市建设的有机整体，不能只关注其中一个或几个，这样就太片面了。

如果是一定要重点关注哪个维度，那我觉得是制度韧性，制度韧性作为有机整体的基础，是需要像地基一样打牢的，从根基上建设好韧性城市，应该要充分发挥出社会主义制度的优越性，依法治理、依制度治理，只有这样，在面对突发冲击时可以有章可循，才不会手足无措。

高明勇：在《中华人民共和国国民经济和社会发展第十四个五年规划和 2035 年远景目标纲要》中，韧性城市被列为中国城市建设的目标。在实践过程中，韧性城市的打造，需要注意哪些方面？

张明斗："十四五"规划中，国家将韧性城市作为城市建设的目标，是国家对城市发展所进行的战略性思考。通过观察城市发展中所遇到的各种自然灾害和突发公共卫生事件可以看出，韧性城市建设的这一目标定位非常精准，对于未来城市发展也有着重要的现实意义。

在我看来，在实践过程中，韧性城市的打造需要通盘考虑制度、经济、社会、基础设施和生态环境等多个方面，这几个方面缺一不可，尤其是如何全面提升城市制度韧性，为强化其他方面的韧性提供依据，以此全面提升城市的抵御、吸收、适应、恢复、学习等综合能力，更应当是韧性城市建设中需要关注的重点问题。

高明勇：每一座城市都是独特的，现有评价体系对建设韧性城市有哪些指导意义？

张明斗：我认为现有评价体系对建设韧性城市有六条指导意义：

一是有助于科学制订韧性城市建设工作计划，明确韧性城市建设重点领域，细化工作方案。

二是有助于推动城市经济的绿色转型，打造更具韧性的经济系统，为城市经济发展提供充足的经济力。

三是有助于加强城市更新改造力度，增强城市的社会韧性。尤其是对大幅度推进老城区改造意义明显。

四是有助于提高基础设施建设质量，全面提升城市基础设施韧性，为城市基本公共服务均等化奠定基础。

五是有助于提升环境治理水平，增强城市的环境韧性。

六是有助于强化人才队伍建设，为韧性城市建设提供人才支撑。

高明勇：每一次特大或重大灾害，都对城市应对进行了强有力的"刺激"。例如，2021 年的河南特大洪涝灾害，让人们看到地铁、隧道、地下室、地下车库等地下空间是重特大灾害面前的"脆弱点"。面对越来越"任性"的大自然，城市的韧性能稳操胜券吗？

张明斗： 面对越来越"任性"的大自然，城市的韧性能否稳操胜券，关于这一问题，我们其实还应当深度理解城市韧性的内涵。

城市韧性中的"韧性"是一个相对概念，不是物理学中所讲的绝对概念。我们所讲的韧性城市并不是说完全消除外部冲击的影响，这是不科学也是不现实的；而是在这样的一种城市运行模式下尽力去减少、减弱突发事件等外部冲击对城市的破坏和击打，或者说在外部冲击下尽可能减少城市和人民财产的损失，同时能够尽快恢复城市的正常运作，让人民的生活尽快恢复到原来的状态，比如灾后的复工复产、基础设施修建、社会心理安抚等。

所以，无论城市韧性有多强，都不可能完全消除外部冲击的影响，而是相对于韧性较低的城市，能否更强劲地抵御外部冲击和尽快恢复城市原有样貌。

高明勇： 从家庭和个人角度来看，需要在哪些方面发力，才能提升韧性？

张明斗： 从家庭和个人的角度来看，我认为需要从以下几个方面进行发力：

一是强化家庭和个人对突发事件的认识，包括对突发自然灾害、突发公共卫生事件的认识，提高日常防护意识，增强面对突发事件的危机感。

二是鼓励城市社区积极开展突发事件的应急知识培训，印发相关宣传手册，定期组织社区居民观看突发事件应急防护视频，以此提高社区居民防灾意识，强化家庭和个人自救互救的应急防护技能。

三是积极动员社区居民组建应急防控义工队伍，培养家庭和个人的社区空间意识和家园意识，以及培养家庭和个人在突发事件方面的预见性思维。

四是加强学校对学生个人在突发事件应急防护方面的教育，韧性城市建设的思想从小就开始灌输，从娃娃抓起。

高明勇： 2021 年 11 月，北京市委办公厅、北京市政府办公厅发布《关于加快推进韧性城市建设的指导意见》，其中一个突出亮点是善于"用数字说话"。2022年4月，世界经济论坛和中国信息通信研究院（信通院）联合发布的报告显示，数字孪生技术有望改善都市生活，打造更有韧性的城市。数字化会在韧性城市建设中扮演何种角色？

张明斗： 大数据具有种类多、数量大、速度快、应用价值高等特性，为能高效利用大数据资源，发掘大数据价值，数字化的相关概念应运而生。数字化时代的来临实际上也为推动韧性城市建设创造了契机，成为韧性城市建设中的主要抓手。

例如，国家不断提出数字化理念，持续发展数字产业，能够有效应对外部冲击中供应链部分环节停摆和危机沿着产业链上下游传导的问题，强化了城市产业链韧性，助推城市经济韧性的提升。又如，国家持续加强"新基建"的数字化，并在推动5G、人工智能、物联网、区块链技术的智能基础设施建设方面推陈出新，大幅度增强了城市的基础设施韧性。

同时，国家不断增加数字政务投入，加快智慧城市建设步伐，缓解风险追踪负担，能够有效实现城市的高效协同治理，进而提升城市社会韧性，等等。这都足以说明数字化在韧性城市建设中的重大作用。

高明勇：您在书中专门辟出章节，谈及国外韧性城市的经验。例如，高水平构建政府—社会组织—个人全员参与机制。在这方面，中国最需要补哪块短板？

张明斗：我认为社会组织这块短板需要补全，同时带动个人参与其中。

中国长期以来党政包揽城市管理的模式，忽视了公民、社会组织等在城市治理中的主体地位，这就需要在实践中打破"全能政府"的局限，充分调动社会组织和个人等城市治理多元主体的积极性，并发挥其能动性，才能真正形成共建共治共享的治理格局。

同时，值得注意的是，韧性城市建设中，更需要政府、社会组织与个人的综合参与，必须在保障多元主体平等地位的基础上，明确各自定位，充分发挥党和政府的核心领导作用，发挥市场的竞争和资源配置优势，发挥社会组织在补充公共服务中的优势，发挥公民在城市治理中的基础性作用，建立多元主体共同参与、共同治理的模式，充分保障公民权利，以此实现以人为本的高质量发展。

高明勇：放眼整个世界，我国学术界对韧性城市的研究，处在何种位置和阶段？

张明斗：国内学者对于韧性城市的研究相对较晚，尚未形成完整的研究框架。然而，近年来由于新冠疫情蔓延和自然灾害频发，国内学者对于韧性城市的研究热情持续高涨。

其中，关于韧性城市基础理论、概念和内涵等方面的研究主要以追踪和借鉴国外已有研究成果为基础，来构建中国本土化的韧性城市理论，缺少基于中国特色社会主义理论为支撑的韧性城市建设研究。

关于城市韧性评价方面的研究逐渐由早期的定性分析转向定量分析，然而，在城市韧性评价方法的应用方面仍然较为单一，多通过建立韧性指标体系，构建相应的评估模型进行分析，尤其是城市韧性作用因素的研究仍然有待进一步探索，未来应当从更加多元化的角度分析城市韧性的作用机制和影响机理，加强对城市韧性调控方面的研究，并在全面识别其作用因素的基础之上，寻找出中国韧性城市建设的主要抓手，力争在实证研究的基础之上早日构建符合中国国情的韧性城市研究框架体系。

关于韧性城市的目标模式选择和政策创新思路，国内学者尽管是从宏观层面提出了韧性城市建设的政策措施，但这些政策措施往往过于笼统，针对性不强，导致韧性城市建设找不到根基。

高明勇：未来又该如何度量一座城市的韧性？

张明斗：目前学界对于城市韧性的测度主要有指标体系和敏感指数两种方法。由于数据和指标体系的选择不同，指标体系法的结果也存在巨大差异。

为克服多维指标衡量的固有缺陷，有学者提出了用单维指标的敏感指数法对城市韧性进行定量刻画，也因其客观性，在城市经济韧性的研究领域得到了广泛应用。而单维的敏感指数法又难以全面反映出韧性的全面性，因此，我认为应该从多个维度来构建或者修正敏感指数法。

比如就业、经济、人口、财政收支、基础设施建设水平，等等，使用多维度的反事实水平来对城市韧性进行测度，也就是基于城市真实就业、经济产出、人口、财政收支及基础设施水平变化与其预期变化的比较对城市经济韧性加以测度，能够相对客观合理。

高明勇： 中国哪个城市，最符合您心目中韧性城市的定位？

张明斗： 综合考虑的话，我认为最符合心目中韧性城市定位的应当是深圳。主要在于：

一是从制度上看，深圳出台的一系列助企纾困政策，给企业带来了喘息的机会，让企业可以腾出手来优化重组，提升自身竞争力，重新出发。

二是从经济上看，深圳经济"稳"有预期、"进"有动能、"活"有力度。"稳"有预期，体现在深圳规模以上工业总产值突破 4 万亿元，继续居全国大中城市第一。"进"有动能，体现在深圳深入实施创新驱动发展战略。目前，深圳已建设基础研究机构 12 家、诺奖实验室 11 家、省级新型研发机构 42 家。累计建成国家重点实验室、国家工程实验室等各级各类创新载体超过3100家，国家高新技术企业超过 2.1 万家。"活"有力度，体现在战略性新兴产业仍保持较好的增长势头。同时深圳的传统消费转型升级，新型消费潜力释放，一些新业态展现巨大潜力。

三是从社会与市民心理上看，面对当下全国疫情形势，深圳疫情应急处置有序推进，始终织密织牢防控体系，始终以市民更安心、城市更安全、更宜居为原则。

曾颖

著名作家，
媒体人

"巴适" 应该成为

一种生活的理想

曾颖是我的老朋友，一个有趣的作家，一个会生活的读书人，一个以实际行动来印证"巴适"的四川人。他的文字有时锋利，"纸刀"所至，入木三分；有时温柔，温暖朵朵，而谈起美食，又让人口齿生津。

本期政邦茶座邀请他一起谈谈成都，谈谈美食，谈谈"生活的城市"与"城市的生活"，谈谈"生活的理想"与"理想的生活"。

高明勇： 看到你的新作《川味人间》，我就想起之前去乐山的经历，听到一句坊间说法，"食在四川，味在乐山"。你怎么看这个说法？除了成都、乐山，四川还有哪些独特的美食地理？

曾颖： 坊间确实有"食在四川，味在乐山"的说法。乐山也确实有很多好吃的东西，比如钵钵鸡、甜皮鸭、跷脚牛肉等。其实四川其他城市，也大可以用这句话作为广告语，而且彼此不输。比如，川味最正宗的，就是麻味，而以花椒闻名的雅安，也可以是"味在"担当，同样的，成都、绵阳、德阳、南充、自贡、宜宾、巴中也各有品种门类很多的经典菜品。菜取材广泛，菜式多样，以善用麻辣调味著称。其按区域划分帮派，历史上有成都帮、重庆帮、大河帮、小河帮、自内帮五个帮派。各帮派各有所长，又互相学习、互相融合，都有独领风骚的美味佳肴。

高明勇：成都和重庆现在都是网红城市，两地美食都比较有名，你如何看待四川美食与重庆美食的异同？

曾颖：成都、重庆，是川菜的两大帮。两地一直是互相学习、共同进步的。成都帮的宫保鸡丁、麻婆豆腐、虫草鸭子、芙蓉肉片、葱末肝片、金钩玉笋、烘椿芽蛋、荷叶蒸肉等传到重庆，很受欢迎。重庆帮的清蒸肥头、樟茶鸭子、碎米肉丁、口袋豆腐等传到成都，也很受食客追捧。

随着成渝之间交通越来越发达，融合的程度越来越高，两者正在进一步相向而行，在保持各自特色的同时，也越来越学到了对方的长处和优点。有些东西，正不可避免地变得越来越相似。

川菜的最大特点就是善于学习和包容。许多地方菜的优点和长处，正在相互学习和融合，形成川菜博大厚重的味道。

高明勇： 前些年有句话比较流行，"四川人是天下的盐"，你如何界定"川味"在中国美食地图里的地位？

曾颖： 川味，既包含物质意义，又包含文化和精神意义。它在中国美食和文化的地图上是不可或缺的。中华文明，在很大程度上是由包括川菜在内的各种物质和非物质文明元素构成的，缺了它，就少了一个味儿。就像川菜最重要的原材料花椒那样，如果少了这个味儿，它就不完整，甚至会是一种缺憾。

最近这些年，因为参与拍摄《川味》和《乡厨》等纪录片，行走在四川各地，见识并品尝了众多的川菜和风土民情，与各种川味文化交流之后，这种感觉尤其强烈。我身边有一大群热爱这种文化的朋友，比如民俗大家袁庭栋老师、美食文化研究者王旭东、赵炎先生；餐饮经营者刘长明、袁博、朱健中，和拍摄了大量纪录片的《川味》总导演彬歌等，他们在我心中，又是一种版图，一种非物质意义上的文化的川味地理版图。

高明勇：记得十几年前有一件小事，给我很大的震动。那时你来北京，应朋友邀请到互联网公司工作，好像待遇也很高。当你了解互联网公司的工作节奏后，毅然决然谢绝，回成都了。你那时好像说，北京只有工作没有生活，不能像成都那样"巴适"地喝茶。作为成都人，你如何评价自己生活的城市？

曾颖：我觉得，人应该明白自己为了什么而工作。我的价值观是工作为了生活，如果连生活都没有，那么，工作的意义又在哪里？正是基于这个原因，我选择了继续待在成都。因为这里有我所喜爱的生活。不是说别的地方就没有生活，有些东西是一种习惯，有些则是一种特性。同样是悠闲和烟火气，有人喜欢，也有人不喜欢。古人有"少不入川"的说法，就是觉得这种悠闲容易让人失了斗志。但越来越多的人喜欢"巴适"，这也是有目共睹的，那不是人类应该追求的目标吗？

高明勇：这些年，成都也成了网红城市，很多年轻人都很向往，不少人更向往那些活色生香的生活方式。

我也去过多次，给我的印象有两个，一个是闲适，更注重物质生活层面，另一个是人文，更注重精神生活方面。你更喜欢哪种？

曾颖： 二者其实是不可分的，就像是开水与茶叶，要泡在一起才有味，将它们分开，是发挥不了作用的。

高明勇： 不少外地游客认为成都时尚，你认可吗？如果是，你认为成都保持时尚的秘诀是什么？如果不是，你的感受为何与其他外地人眼中的印象不太一样？

曾颖： 时尚这个东西，也是各自理解，各自表达的。有人将商业味儿或漂亮前卫的衣着和生活方式视为时尚，有人则将艺术或思考方式视为时尚。相同的东西，不同的人，因各自的视点和价值观的不同，感受也不一样。这也是见仁见智的事情。成都是一个无法一口说尽味道的复合体，摆在那里，时不时尚，是大家的感受问题。但我觉得，它的开放与包容，倒是我蛮喜欢的。

高明勇：这几年，成都吸引了不少人才，你认为成都的城市软实力是什么？

曾颖：成都的城市软实力发展，肯定是近年来有目共睹的，让人们感觉到这里存在的机会。另外，成都的生活方式，也应该是具有吸引力的。

还有最重要的一点就是成都这座城市的包容。在这个城市里，穷人有穷人的活法与空间，富人有富人的活法与空间，二者有时甚至是有交集的，但大家相安无事，各得其乐。很难听到成都人有排外和打"地域炮"的情况。

高明勇：在我的朋友里，你应该算是很独特的一位，似乎过段时间，就能给人一种"新"印象。记得二十年前你给我的印象是擅长写副刊美文，经常被一些中学试卷选中当考题；十几年前，你给我的印象是评论杂文都很犀利，记得那时你有个笔名叫"纸刀"，还担任过报刊评论部主任，经常活跃在天涯、凯迪等网络社区；十年前，你给我负责的《新京报·评论周刊》写人物评论，不管什么样的新闻人物，都能找到合适的角度去点评，期间，你还写过一本关于养育女儿的"育女心经"；近些年知道你又忙一些关于家乡四川的美食、风土人情的活动，尤其是最近几年，除了偶尔写诗，你更多的时间就是在画素描画，应该是铅笔画，关于成都市井生活的素描，栩栩如生，有点像古代文人的小品画。我比较好奇，这些经历，有没有一个"主线"？是顺其自然，还是有一个明确的规划？

曾颖：我这些年的人生轨迹和创作路径，虽偶有小变，但总体没有太大的变化，其中最重要的一条脉络，就是文学和生活。到了知天命之年，我越发确定，我是一个热爱生活的文学爱好者，生活是我的专业，而文学是我的爱好。在我的认知里，文学和创作，只是生活露出冰山的那一部分。写作者最大的创作，就是他的生活。而他的作品，就是他自己。

人生是一场水面画花，结果最终是一场空，但过程很美。正是基于这种认识，我愿意从一点一滴的小美好中去发现美好。同时，对现实中不太美好的东西，要不揣冒昧地去批评两句，其发愿，其实是希望它更好。文学是我对生活的爱的宣言，它陪我赏善罚恶，陪我度过美好而幸福的大半生。

我希望能够像维特根斯坦那样，在离开世间时，能够发自内心地感叹自己度过了足够美好的一生。

高明勇：过去的三年，给人的印象，似乎对你影响不大，反而还激发了你的创作欲，是这样吗？

曾颖：对于一个妻子下岗多年的中年自主择业者来说，这三年对我的影响其实是很大的，虽然还没到手停口停的地步，但已开始感知到生活的水紧鱼跳。我是个对物质生活所求不多的人，同时也是个俗人。三年来，我难过得甚至哭过几回，但没有一回是因为我的生活际遇。在时代的大棋盘上，我连一颗灰都算不上，但风云变幻，总还是能让我这颗易受感动的心，受到许多震颤和触动。除了写点小东西，我别无所能。

高明勇：记得你之前（2016 年）出版《人生是一场无人相伴到底的旅行》的时候，希望我写一段推荐语，我写的是"曾颖的文字，人本，瓷实，明亮，温暖，接地气，自有忠实读者。就我的阅读经验看，其人其文，都是从土地上生长出来的。"这段话是我的本真体会，即便在今天，我依然是这样的理解。我想知道，你是如何看待"人本，瓷实，明亮，温暖，接地气"这几个词的，是有意为之，还是本真流露？

曾颖：这是你的评价，当然你怎么看比我怎么看更重要。那几个词，于我而言，是美好的，我自知自己与它们之间的真实距离有多遥远。但会将它们作为一种目标，朝着那个方向努力。

我很喜欢鲁迅先生的文章《过客》，年少时读不懂，不知道他在说什么。但当我渐渐走到耳朵边不再有人唤我前行的年纪，我很欣慰于自己内心的声音并没有熄灭。

谢谢你给我这个机会和政邦茶座的读者朋友见面。感谢大家的关注和阅读。祝大家新的一年，以及更远的将来，都能顺利健康并快乐！

韩浩月

专栏作家，
影评人

故乡是一个人

退无可退的收留地

在写作上，韩浩月是位励志的"劳模"，笔耕不辍，时有佳作问世，著作连连，渐入创作黄金期。评论电影，入木三分；评论社会，独具匠心；评论故乡，充盈温情。他每年还以"考生"的名义参与一些媒体策划的高考作文同题创作。

在新作《文章之韵》中，他展示了自己关于写作的另一面以及写作背后的"秘诀"。他认为"杂文式评论"已经接近消失，"时评体评论"逐渐沦为老生常谈，唯有散文元素的注入，可以带来一些鲜活的生机，评论这棵大树应该有另外一种生长方式。"写作者不是作为工具人存在的，每一次挣扎着跃出有形或无形的枷锁，都是诞生作品的机会。"

本期政邦茶座邀请韩浩月，一起为"写作"把脉。

高明勇： 最近拜读你的《文章之韵》，我在想认识之初，除了朋友，我们还是什么关系？结果想到的第一点，还是编辑与作者的关系。这么多年，不管在报纸还是网站，向你约过不少稿。给我印象比较深的，是这几年你著作不断，甚至是一年出版几本的节奏。正常的作品结集之外，你有自己的写作规划吗，还是顺其自然？

韩浩月： 感谢明勇兄的阅读。想起你在凤凰评论时，给你写过不少稿件，有些篇章至今还有印象。编辑与作者凭借一些看不见的气场联结，编辑的选题与作者的撰写，在这两个层面合拍起来，文章的好看概率会高起来。

我之前出版的图书，多半为作品结集。在纸媒发表的评论或者散文随笔多了，总是能找到一个主题，把相关的文章收集进去。但后来逐渐意识到，文章合集会存在一些问题，比如受制于时效性，主题不够凝练，阅读感不够连贯等。

后来有意识地强化书的选题特征，"故乡三部曲"就是强化选题意识的产物，但自己觉得，仍有一些缺憾。最近两三年，开始有了更为强烈的念头，要改变写作思路与方向，让以后出版的书，能往心目中向往的好书模样再近一步。

在长达一二十年的时间里，我的写作处在被推动的被动位置上，主要时间用在完成评论约稿方面，剩下的时间，写一些散文随笔。但下一步要改变这种顺其自然的状况，干预自己的写作状态，要主动写得长一些、慢一些、辛苦一些。

高明勇：职业规划原因，我做了很长时间的评论编辑，时间长了，手边有一些倚马可待的"救急型作者"，简言之，就是既能写得广，什么都能写，又能写得快，关键时候能顶得上，填补版面"空白"，还能在快速成稿的情况下可圈可点——至少在我这里，你就属于这种类型作者，都是"执行力"很强的。这种写作素养如何形成的，你对写作有过刻意训练吗？

韩浩月： 在谈写作素养之前，我觉得有很重要的一点要提及，就是写作热情。如果不热爱写作，不能够投入足够高的关注度，没法用燃烧式的方法去表达，是没法坚持长期且快速的输出的。在此基础上，写作肯定要经历艰苦卓绝的训练，才华型的写作会把一个人的写作生命变得很短。

我做过报纸副刊编辑、新闻版编辑和主笔、网站编辑、文摘杂志编辑、类型刊物主编，与此同时给大量的报刊撰稿……几乎完整经历了纸媒的黄金时代，也是初代互联网的参与者与受益者。较为复杂的职业经历对个人的从业资格不断提出挑战，反馈到写作方面就成了一种强化训练。

纸媒经验与网络生存的融通，让我大受裨益。经过高强度的文字工作磨炼后，多数写作工作便成了一种本能反应，优点是写出来的文章质量比较靠谱，缺点是较难实现非常靠谱这个高标准。

高明勇： 作为一个成熟的写作者，有没有自己一套成熟的写作认识论和方法论？

韩浩月： 我所理解的写作，是以经历与情感为底色，以角度加认知为切入点，以逻辑性和价值判断为准绳，以通俗易懂的文学语言为工具……上述几方面互相融合，依据不同体裁与题材各有倚重，找准表达核心和叙述节奏后，一蹴而就。

我所使用的方法，是在正式动笔前，有一个凝神思考的过程：在焦虑的包围圈下，创造一个宁静的、不受干扰的空间，把自己置身这个空间里，五官全开地感受空间氛围，这个时候，你的生活和阅读积累，与题目相关的素材便会纷至沓来，剩下的就是精准的描述与刻画，文章完成后冷却一段时间，再用理性去调整并规范。

高明勇： 关于写作，我发现一个现象，不一定主流，但比较独特，就是一些没有受过系统教育的写作者，反而文笔更"洗练"，文风更"瓷实"，你应该也属于这类写作者。说明一下，也可能是我认识的这类作者比较多，毕竟还有一个概率问题。你有什么看法？

韩浩月：这其实是个传统，中国近现代文学有大成就者，太多是未受过系统教育的写作者了，民国时期的鲁迅、陈寅恪、刘半农、梁漱溟、钱穆、沈从文、巴金，当代作家中的中流砥柱陈忠实、莫言、王蒙、残雪、冯骥才、史铁生、王朔……70 后的这一代出作家，也是评论员群体的主要构成，当中不乏未受过系统教育的人，他们多出身于乡野，但继承了前辈作家从乡土出发的文化精神，对立言立论有着某种执念，同时对通过写作改变命运也有百折不挠的劲头。他们文笔"洗练"、文风"瓷实"的风格，是可以上溯寻找到文学源头的。另外，他们的内在还保存了诸多朴素的理念，仍然心怀敬畏，体现到文字表达方面，即对传统与经典有尊重、有继承，不吝于呈现真实人格，具有一定的反思能力……

高明勇：通过这种对比，你认为对教育体系内的写作教学，有哪些启发？

韩浩月： 过去一直有人讲，大学中文系培养不出作家，这是一种现实，但不应成为必然。写作毕竟是一项创意工作，能有好的读书环境与交流氛围，可以对写作起到很大的帮助作用，尤其是在良师有针对性的技巧培训下，可以让一名作家的养成少走不少弯路。

现在教育体系内写作教学的问题，一方面来自教育理念的束缚，如何释放学生的自由写作欲求，引导他们独立表达，成为对教育体制与学校教学的一种压力；另一方面来自学生本身，缺乏丰富的生活体验与社会实践，会使得写作失去足够的素材支撑。多创造机会去接触人间烟火，让自己变得敏感、再敏感一些，对过于平顺的生活进行人为干预，不断开阔自己的视野与胸怀，发现当下世界无所不在的冲突，并仔细地去打量并思考它、转化它……

写作教学不是为了熄灭欲望而存在的，而是为了燃起欲望；写作者（学生）不是作为工具人存在的，每一次挣扎着跃出有形或无形的枷锁，都是诞生作品的机会。

高明勇：我看你总结的"高考作文十讲"，倒是有点惊喜，你还提到在中学时期，建议养成多读评论、多练习写评论的习惯。关于高考作文，我之前写过一篇论文《评论史上的高考作文》，里面谈道：在高考的特定场景，当题目确定、篇幅确定的情况下，"表达思维"尤为重要。这一点，与评论写作方面也大致相当。对于评论员来说，新闻议题确定，篇幅（不管是报刊，还是网络评论，都有大致的字数限定）也确定的情况下，谋篇布局也好，遣词造句也好，起承转合也好，都要有"有效思维"，即如何快速有效地通过文章把最想表达的意图传递、传播到受众。你在参加媒体举办的高考同题作文活动中屡获高分，是否与这种"表达思维"或"评论思维"有关？你如何理解"评论思维"？

韩浩月：我以媒体评论员身份写高考作文时，无论遇到什么题目，都会把它落实到"写自己"这个出发点上来。我不忌讳以第一人称的方式，借作文题目叙说自己的生活，幸福或烦恼、希望与失望。我永远在尝试用感性的方法，来稀释高考作文评论体"高大上"的命题浓度，我认为个人世界里发生的那些"地震"，是对这个世界的真实反馈。当宏大的外界与细小的个体碰撞时，这是一次相互且平等的投射。高考作文如果把握上述几点，可以做到写得好看的同时又不跑题——没有阅卷老师会拒绝有血有肉的文章，很多时候，"有血有肉"就是最鲜明的观点和立场。

最近几年，我一直坚持用散文的手法写评论。杂文式评论已经接近于消失，时评体的评论逐渐沦为老生常谈。唯有散文元素的注入，会给日渐逼仄的评论空间注入一些鲜活的生机，这不是一种妥协，自然更不是投机，而是到了一个阶段时，评论这棵大树应该有另外一种生长方式。

高明勇： 在写作者中，你的"故乡"情结算是比较鲜明的。你如何看待"故乡"在你创作谱系中的定位？素材，养分，还是一种内心激情的存储地？

韩浩月： 故乡是一个人退无可退的收留地。我接受所有有关故乡的评述，无论是好是坏。我认为那些评述都是客观的、成立的。对故乡的认知，在当下，成了一个非常个人化、隐秘的选择与判断。我是用"故乡情结"这一简单的刃，破了长时间对故乡心乱如麻的困境。很多时候，是游子内心的复杂导致了与故乡关系的错位，回归赤子身份，更容易处理与故乡的关系。我写故乡，一方面因为找到了素材，另一方面是找到了我自己，后者更重要。写故乡时，内心是平静的，当然，这种平静也可以被视为激情的另外一种面貌。

高明勇：我写过一篇文章《寻找与故乡的"连接点"》，里面写道，春读"乡史"，宜读"学者之文"，如熊培云《一个村庄里的中国》，研究中国，从"打捞乡村"开始；夏读"乡恋"，宜读"评论家之文"，如伍里川《河流与柴火》，柴火堆积成垛，乡愁逆流成河；秋读"乡亲"，宜读"作家之文"，如韩浩月《世间的陀螺》，为故乡的亲人立传；冬读"乡思"，宜读"思想家之文"，如陈平原《故乡潮州》，在洋铁岭下，风景的再现。尽管你也经常写评论，我理解你在写故乡的时候，更多是"作家"的角色，但如果你以"评论家"的角色写作故乡，可能是另一种情形。不知你有没有思考过身份角色与写作的关系？

韩浩月： 我以作家身份写故乡，是 2019 年《世间的陀螺》出版前后才开始的，迄今不过四年。在此之前长达十余年的时间，是以评论家的身份写故乡，自然言辞之间不乏批判——或者说是表达一份美好愿望，传递一份真诚建议。后来我意识到，以批判的口吻评价故乡，具有不公平的成分——以一线城市的标准，来期望县城或乡村达到某一文明程度，这是不现实的。同时还有一点，评论家写故乡的声音，大体仍然是城市居住者的议题，没法到达故乡的层面，对于推动故乡产生变化，起不到多大作用——故乡是一个庞大的存在，离开的人只是故乡的一个远去的"黑点"，能改变故乡的，只有依赖时代潮流推动。

毫无疑问，我认为所有对故乡持批判态度的写作者，是深爱那个地方的——痛与恨其实是爱的另外一种表达，比起虚伪的、甜腻的歌颂，我更欣赏直言不讳的提醒。但我觉得，到现在这个阶段，批判故乡的意义已经不大了，有关故乡的议题，也几乎被讨论殆尽，除了会在社交媒体上带来一些话题，在局部制造一些言语冲突外，故乡议题因为缺乏深度与建设性，而让更多参与的人感到身心俱疲。

但文学上的故乡是永恒的，作家笔下的故乡是多元的，让故乡回到文学层面后，固然会过滤掉一些矛盾与冲突，但也会拥有一些理解与通透。文学用比较柔软的方法，在游子与故乡之间重新建立关联，这种关联是永远阐述不尽的。

高明勇：你和绿茶的"村郊通信"给我留下了很深的印象，也很让人期待，差不多我每期都看，有一些读里尔克《给一个青年诗人的十封信》的感觉，亲密而温暖。当时为什么会有这个"创意"？你们还都采用手写体，同样是写作，电脑敲字和手工书写，你认为区别大吗？你是先手写，再输入电脑，还是先敲下来，再手写？

韩浩月：2021年年末，我邀请绿茶兄作为嘉宾，出席百花文艺出版社在天津主办的《我要从所有天空夺回你》读者见面会，我们一起开车去天津的路上，谈到了通信这一交流方式，觉得这会补充其他文体写作所没法涉及的细节，于是约定从天津回来后开始我们的通

信。迄今为止"村郊通信"已经一年整，往返共有 60
封信，在尤其艰难的 2022 年，写这些信，抒发一些个
人情绪，带来了不小的安慰。也很开心有一些朋友在读
这些信，我想，信中传达的友情的温暖，也会让人在阅
读中有片刻的对现实困境的逃离。

开始的时候，我们都是手写，没有打字版，后来应
网友的要求，把手写版用电脑敲出来，现在形成了打字
版在前、书写版在后的固定格式。绿茶兄是先手写，后
打字，我则相反，是先用电脑写出来，后抄写。还有一
个不同是，绿茶兄信末的日期，用的是农历，我的则用
的是公历。

高明勇：公众号"六根"的几个写作者，正好都是
我的朋友。同样都是写作，你们有同气相求的地方，也
有较大的差异，作为公号的主理者，你怎么看你们之间
的写作异同，或者相互鼓励，相互启发，相互刺激？

韩浩月："六根"早期只推送李辉、叶匡政、绿
茶、潘采夫、武云溥和我六个人的文章，从周一到周
六，轮流推送，周日推送一篇大家的荐书合集。从八年

前到现在，我一直担任的是催稿者的角色，不停地催促轮值作者交稿，这过程中，制造了不少段子，无形中，也让大家多了些写作的动力。

我们六个人在写作上各有侧重，李辉写传记文学，叶匡政写文化评论与诗，绿茶写文化人物与书评，潘采夫写随笔与球评，武云溥写非虚构，我写评论与散文，在写作领域有重叠的地方，也有小小的区别，重要的是，大家有共同语言与审美，彼此认同。六根的存在，对我的写作帮助很大。

被遮蔽
的
理想

何艳玲

中国人民大学
公共管理学院教授

为什么要重视

城市的烟火气

在我们的生活中，"城市"到底意味着什么？

"城市"曾扮演了什么样的角色，"城市"扮演着什么样的角色，又该扮演什么角色？

那些活色生香的城市，那些烟火气十足的城市，给"城市"带来什么样的注解？

面对数字化的浪潮，面对老龄化的趋势，"城市"又该如何应对？

本期政邦茶座邀请到中国人民大学何艳玲教授，请她说说她所理解的"人民城市"。

高明勇：您所著的《人民城市之路》一书获得"政邦推荐 2022 年度好书"，在评审时有评委提到"人民城市"这一概念早已有之，您对"人民城市"这一概念有什么独特的见解？

何艳玲：谈人民城市，有两个渊源。第一，人民城市起源于对西方城市政治理论的反思。其背景是在城市进程中，资本的蔓延导致城市发展出现了与市民权利相背离的现象。在此背景之下，他们提出人民的城市，即"city of people"或者"city for people"，或者重新反思"市民的权利"（citizen right）这样的概念，其实是对这种背离的反思。所以"人民城市"这个概念是有理论渊源的。

第二个就是总书记和中央多次提到人民城市人民建、人民城市为人民。在讲这句话的时候，其实隐含了"人民城市"的主要意思，也就是说，"人民城市"的中国命题就是"人民城市人民建，人民城市为人民"。

我用"人民城市"这样一个更加简洁的概念作为书名，它的内涵不仅仅包括中央所说的这个意义，也包括在现代化和城市化进程中出现的一些与我们原有的理念不一致或者有冲突的实践模式的反思。这种反思既是权利层面的，也是哲学层面的。

因此，"人民城市"是一个更完整的概念。我们提"人民城市"，是与"全球城市"或者"世界城市"可以对应的一个独立概念，有丰富的内涵。在此之前，并没有人完整地将"人民城市"作为一个独立的概念去做出阐述。

高明勇：我注意到您在书中提到，"乡愁本质上是城伤"，您为什么这样说？

何艳玲：我所说的"城伤"是什么意思呢？如果我们生活在农村，所获得的体验与我们在城市所获得的体验其实是有很大差异的。我们来到城市，就会怀念农村与自然非常贴近的环境，就会怀念农村非常密切的人际交往，就会怀念那些节日和习俗的共同庆祝，就会怀念那些基于家族的相互帮助所带来的温暖。

为什么会有乡愁呢？就是因为我们原来所熟悉的、所喜欢的一些场景或者需求，在城市无法很好地实现。城市中建筑密布，没有那么多与自然的接近；城市中都是陌生人，也有可能充斥着各种各样的利益"计算"。我们所说的怀念，其实是在伤痛城市建设过程中的价值偏离。城市会满足我们的一些需要，但很多时候它可能只是增长的机器，而不是满足我们全面发展的"容器"。

高明勇：我自己也曾经写过"一个人，一旦离开了故土，远离了乡音，并且年岁日增，漂泊感越强，对故乡的思念才会更加醇厚，不管是否愿意承认，他都会有意无意地寻找与故乡的'连接点'。"您认为当前我国城市在"留不下的人"与"融不入的城"之间，主要矛盾点在哪儿？

何艳玲：城市化进程是一个机会主导性的进程，越来越多的人来到城市，首要目的都可能是寻找更好的机会。由于城市的集聚性和规模性，城市承载了经济层面或者生存层面的更多机会，但社会性需求、情感性需求，可能并不会被满足。

因此乡愁其实是我们的悲叹，悲叹城市建设所带来的一些问题，并希望能够在城市中去实现。设想一下，如果在城市，人与人之间的关系是非常密切的，如果城市和大自然也是天人合一的，如果城市也有各种熟人般的节庆与习俗，这样我们的乡愁可能就会淡一点，也就不用怀念了。这可能吗？我们对城市发展理念的纠正，"人民城市"概念的提出，会让这种情况好一点。但在根本上，城市的精于计算本来就是你来到城市的原因，现在为何又想全部去掉呢？

高明勇： 您这个分析倒是有意思。

何艳玲： 这就是我所理解的，为什么说乡愁的本质是一种"城伤"。在经济性价值和社会性价值之间，有的城市可以做得相对平衡，在某种意义上说，这就更能满足我们更全面的需求。但中国的大多数城市在早期发展阶段，大概都是工业化熔炉。城市中心地带装满了各种工厂，建工业园区的时候也只是建"园"而没有建"城"。这样的偏差其实更强化了乡愁。当然，西方的城市化进程也犯过类似的问题，但后期它们有非常多的反思，也有一些城市已经相对规避了工业化进程中出现的一些问题。

这也就是为什么我要提"人民城市"的根本原因，尤其是在中国特色社会主义城市建设过程中，更应该让城市的各种价值得到完整呈现，这就是我们要做的事情。"人民城市"这个概念，更是现代化进程中的反思，是对实践异化的反思，即现代性实践和行动，对人的本性以及对人的心灵所带来的异化。

所以，当我们在说乡愁的时候，本质上也是城市化过程中的这种异化投射在我们心灵里面的感受。乡愁是说不清道不明的，它可能就是一种淡淡的情绪。而这种情绪，是一种心灵秩序的扭曲。所以这是很典型的现代性现象。这种愁，其实是一种哀叹，是一种悲叹，是一种惆怅，是一种心有不甘，也是一种心有所属、心灵的向往。

高明勇： 当前在城市治理中面临体量偏大和风险集聚的难题，城市容纳了不同阶层、民族、种族的人群，表现出较强的包容性和差异性，但也造就了一个"陌生人社会"——人与人之间疏远和陌生，难以形成情感认同。您提出要"靠近人民所在的社区实现精细化治理"，您认为把社区作为城市治理的基本单元和切入口有怎样的优越性？ 为什么在超大城市治理中，我们需要更加关注社区这样的关键小处？

何艳玲： 从我的角度来说，选择社区作为研究的切入点，至少有三层原因。

第一，我们先说社区这个概念的学理渊源。德国社会学家滕尼斯在创造"社区"这个概念的时候，其实讲的是一个共同体的概念。滕尼斯当时创造出了与"社会"相对应的"社区"这样一个概念，也就是想着在现代化过程当中，人们如何重新建构那种"共同体"的感觉。为什么会怀念？ 就是因为人们越来越疏离，关系越来越陌生。所以他创造"社区"这个概念，与"社会"这个概念相对应，其实也是代表着一种心灵的追求。我所有对城市的反思，都是要追溯到现代化进程中这个根源上，所以我会去关注社区。

第二，社区是什么？社区其实是我们每个人的生活空间，是我们生活的场所，是我们生活的阵地。如果说人民城市，我特别强调"人民"的话，那么社区就是人民一出门就看到，一出门就触碰到，一出门就体验到的第一场所。社区在根本上决定了人民在城市生活中的体验感、获得感、幸福感。我们不能说我在公司或者单位感觉特别好，一回到家、回到社区之后，连门都不想进。因此，这是一个非常需要我们去关注的现象。不管是谁，最后都会回到社区，因为我们就居住在社区里面，所以社区是我们所有人的共同福祉。如果说社区没有做好的话，我们很难在城市中有非常美好的体验。或者说，我们可以把人在城市的活动空间分成两类，一个是用于生产活动的功能区，另一个就是生活活动的空间，而社区就是所有人的生活空间。所以我说，社区是最靠近人民的地方。

第三，就是从中国共产党的角度来说，社区就是基层。党的领导，党建引领，以哪里为切口呢？当然切口要在人民群众中。人民在哪，群众在哪？在社区！这就要求必须以社区作为一个小的切入点。我们在谈论中国城市治理过程中，要考虑到的一个问题是怎样在城市治理的过程中去夯实党的执政基础。这是非常中国的叙事。党的执政基础从城市来说就是在社区。以成都为例，它非常大的一个特色就是党建引领的社区治理，也就是说，党的所有行动都要放在社区活动当中去检验，这也就是我们所说的群众路线，也就是新时期的群众路线。

从这三个维度讲，我会非常关注社区。

高明勇：我注意到，您持续研究成都已有多年，总体来看，您认为成都实践对其他城市有什么样的借鉴意义？

何艳玲：首先，《人民城市之路》整本书我都在讲党建引领的社区治理，我刚才也特别强调了"党建引领"是什么意思，就是以社区为切口，去解决城市治理过程中的重大公共问题。所以其实成都做党建引领社区治理，不是单纯的社区治理，而是城市治理，只不过它是以社区为切口。成都在这方面做得很系统，也很成熟。

　　第二个就是成都的城市治理工作在不断迭代、不断升级，从最早的"五大项目"，到现在的"十大美好生活工程"，到"社区美空间"评选，等等。这其中也有主要领导变化，但为了人民美好生活的逻辑没变，保持了稳健性和稳定性，并且还在不断迭代。"五大项目"讲的是迫在眉睫要解决的难题，但"美好生活工程"已经在升华了，就是做的内容越来越精细。成都还成立了"社区空间美学研究院"等，就是城市不只要好，还要美，它还在不断地升华，把美学的概念都带了进来。

　　第三个就是成都是以社区的治理来撬动整个城市治理这样一个变革模式。比如说空间概念、美学概念，把这些概念带入城市治理过程中，这在其他城市是比较少见的。很少见到有城市去谈美学，也很少有城市把空间看得很透彻。其实很多地方在讲城市的时候，是混同于一般的地方治理的。不谈空间，就很难说是在真的谈城市。这些比较少见的要素，成都都嵌进去了。还有场景，场景是由硬件和软件系统构成的这样一种系统，既包括空间，也包括设施、建筑、价值观和文化，还包括社区商业，街头小贩儿，等等。所以我觉得成都把各个城市的要素都结合得非常好。这表明，成都是在研究城市的。

高明勇： 近年来，成都吸引了很多人才，不少外地游客认为成都很"时尚"，您认为成都保持时尚的秘诀是什么？

何艳玲： 首先，我觉得成都最重要的特点是注重"烟火气"。烟火气一定有街面经济，否则还叫什么烟火气呢？就是在街头有和我们生活密切相关的场景，比如说小酒馆、小吃店，比如比较休闲亲民的场所。过去大家说，成都是一座来了就不想走的城市，成都就把它提炼为一种烟火气。越是有烟火气的地方，越是能和我们普通人的生活体验感有机地结合在一起，所以人们会愿意留在这儿。

在成都打造烟火气的过程中，我想特别强调街面经济。在以前，街面经济更多体现为小吃摊儿或者其他，现在还有街拍这样的新现象。为什么街拍在成都会非常流行？是因为成都鼓励人们在街头的这种互动。这种互动可能是通过一个餐饮店，也可能是通过一种网红打卡的形式，还可能是通过集体的时尚行为，这些其实都是成都要打造的一种形象。当它把这种形象打造出来之后，就会感受得到所谓的"时尚"。时尚就是我们现在所偏好的这个城市元素。更时尚的城市，更领先实现这种偏好。

比如成都还有一个重要行业是医美行业，这其实都是年轻人喜欢的一种生活方式的体现。不是说别的城市不时尚，重要的是成都的时尚在街头能被人们看见。不管从产业布局、街头经济，还是对社区场景的营造，成都天生就具备这种气质或者风貌，就是比较时尚且容易被人看见这种场景。虽然成都是在偏西部的地方，但是它本身已有的积淀和它的产业布局，再加上成都这些年对街面、对社区的场景规划和布置，其实就是我刚才说的那句话，它所呈现出来的，就是年轻人喜欢的这种感觉，并且被大家感受到了，被大家看到了。再比如这段时间的顶流大熊猫花花，成都把它演绎成一个风靡全国的网红事件。从这个意义来说，成都的这种做法是一种不自觉的、无意识的行为。

高明勇：成都的城市软实力又是什么？

何艳玲：成都的软实力就是烟火气。这个烟火气还包括什么呢？比如说你在成都坐出租车，出租车司机都会跟你讲他们以在成都生活为荣。你去和成都人谈话，他们也会说成都的生活很"巴适"。成都人喜欢用"巴适"这个概念，很舒适、很舒服的意思，就是说成都人对日常生活的满意度是很高的。这种满意度可能在于生活很便利，可能在于生活节奏没有那么快，但是该有的东西又都有。然后，成都市委市政府这些年又特别注重社区的打造，等等，这些原因让成都市民的获得感很强。

我认为时尚只是成都的一种呈现，不能完全概括它的城市软实力，我更喜欢"烟火气"这个词。因为"烟火气"意味着人民城市的落地方案让我们找到这么多年城市建设的过程中所丧失的一些东西。我觉得这才是成都的特质。其实我们国家不缺少时尚的城市，但我们确实缺少把"烟火气"嵌入城市建设过程中的城市，这样的城市其实很少很少。

高明勇： 您也曾长期在广州工作和生活，与成都相比，您认为广州的城市治理有哪些独到之处？

何艳玲： 大家都知道，广州就是生活在其中，大家能感受到比较充分的市民气息。如果说烟火气的话，广州应该是天生的，只不过没有像成都那样有系统、有规划地去做这个事情。广州，从美食到文化，还有商业模式，都是如此。

广州的另一个特点是它本身是商业文化支撑的一座城市。商业文化的内核是什么呢？就是大家守规矩，都干好各自的事情。因为做生意要守规则才可以，所以广州这个城市就有了另外一个我觉得非常重要的特质，基于规则基础之上的比较恰当的人际距离。这会让生活在其中的人感觉越来越舒服。广州人也很少关心别人做什么、说什么，大家都相安无事，城市包容性很强。又比如在广州，参加婚礼送红包，是会收到回礼的，我觉得这是一种人际分寸感。守规矩则分寸感比较强。广州人对一些规则，比如法律、伦理、情感，等等，各种要素之间的边界会处理得比较好，也让人比较舒服。不太多，不太少，分寸拿捏得刚刚好。整个广州给人的感觉都是这样的，但这需要慢慢去体味。有了这种商业文化、市场经济的根系，也才有了后来改革的鼎盛时期，以及曾经的媒体发展，都是与这些特色高度契合的。

高明勇：这些年我也常去广州，那里的同学和朋友也比较多，给我一个深刻的印象，就是广州的公共生活。

何艳玲：广州的公共生活与上面提到的商业文明、规则契约、社交边界都是契合的。它是我们共有的部分，既不是私人生活，也不是商业生活，而是社会中自我成长和共同成长的部分。它不是一个一般性的生活领域，它是有规则、有边界的。当然，这有可能会带来一些问题。比如，这种公共生活其实构成了对公权的一种制约，这导致权力在可能的情况下还是比较尊重城市自然而然的生长。这进一步意味着，这个城市一些纯粹由单方面力量主导的事儿可能就不太多。广州城中村，这是很多人到广州的第一直觉。它其实就是"吃肉留骨头"的一种相对自然的发展结果。在别的地方可能就全部一次性将城中村拆掉了，但广州就会留下一些，无论是什么原因，其中有一部分原因一定是它比较强的公共讨论，自然而言比较注重均衡和妥协。事实上，公共生活的兴盛，其意义就在于行事留三分，别太绝对。广州城中村显然留下了一些尾巴，但这种"尾巴"对生活在这里的人来说就比较舒服。丰俭由人，大家都能在这个城市找到一席之地。正因为广州有城中村，它也给不少大学生留下了毕业以后的第一站居住地。所以在广州，可能很多人都觉得生活品质还行，各有各的道。但是在有的城市可能不一定会有这样的感觉，"卷"到天际，所以广州的市民气息会呈现得淋漓尽致。

高明勇：当下，我国特大城市的社区治理面临怎样的难题？

何艳玲：我在书里曾经提到过，特大城市社区治理最大的问题之一还是历史遗留问题。

第一个，就是以前我们中国的城市化进程其实还是比较粗放的，它的专业化和科学化的程度不高。比如说我刚才提到城市规划，但这个城市规划有可能就是"墙上画画",它不可能真的按照逻辑规划去建设城市。又比如,在早期,城市规划会更多地注重生产空间的布局,然后比较少去关注生活空间的布局。这就造成了一个非常大的问题,也就是说可能是布局并不合理。

比如,广州的番禺区建了很多住宅小区,但并没有给学校、养老设施、休闲设施等留下空间。现在的人们对社区的要求越来越高了,而且随着经济社会的发展,人们对公共服务配套的要求也越来越高。现在这个地方就遇到了这样的问题,公共设施空间建设没有办法去腾挪,也没办法去置换。这就是所谓的老旧小区、背街小巷的问题,包括城市更新、城市改造中面临的问题,其实都是这个症结,就是前期的城市规划和城市建设所遗留下来的空间稀缺问题和人民需求的极度的紧张感。这个我觉得就是现在最大的一个问题。

第二个问题,可能与市民的社区参与度会有一定的关系。至少目前来说,大多数人参与社区的度还是偏弱的。你会发现社区的很多事情可能还是老人参与得多。但年轻人的参与度还是非常低的。这表明公共精神的普遍性缺乏，这种参与度的培育恐怕需要一个非常长的过程。年轻人没有很强的动机去参与到社区中来。这种公共精神的培育，还是非常缓慢的。

当然，这并非中国城市发展过程中独有的问题，在美国也有这样的讨论，这是我们在现代化进程乃至后现代化进程中共有的疏离。

第三个问题，是因为中国的职能和部门的划分比较明确，这就导致当所有的部门都指向社区的时候，其实社区的工作是很碎片化的。那么，如何让它整合起来，这是一个非常大的体制调整的问题。比如说住建、民政、党建等各种工作都会指向社区，但这样的话，就是"上面千条线，下面一根针"。这个问题，到现在还没解决，甚至可能某些方面更严重。这是我十几年前提到的"改革内卷化"问题。

高明勇： 2020 年，山西省正式启动了人口小县改革试点工作。改革的主要方向有加大职能相近的党政机构重组整合力度，简化党政部门中间层次，精干设置内设机构，改善上下沟通和政出多门现象，大幅精简压缩事业单位机构和人员编制，推进编制资源下沉等。您认为，类似这样的改革对基层治理来说是否行之有效？

何艳玲： 山西的这种尝试，特别是针对人口小县尝试的这种改革，当然是一个非常好的切口。我觉得去讨论"大政府、小政府"可能意义不大。一个最重要的逻辑是如何划定政府的边界，它的规模到底有多大，这应该与财政的承受力、政府要承担的公共服务事项，以及是否有能力去提供公共服务这三个要素相匹配。这就是实事求是。我们目前最大的一个问题是同构型的结构，也就是说，不管是在哪里，不管是在哪个层次，不管是在什么样的地方，是一个大县还是一个小县，是一个大市还是一个小市，其实都是同样的结构。

这明显就是不科学的，这才是最大的问题，就是不实事求是。因为不同的地方差异性太大了，显然它的一些更具体的架构，应该是不同的。因此，除了一些必要的基本规定动作，有可能有些部分应该可以更加具有在地性地灵活处理。我觉得这是小县改革最重要的意义。当然，这也具有非常重要的探索意义。其实这种探索多年前也曾经有过，现在我们再重新来看这个问题，它的意义会更重要。

高明勇：《数字中国建设整体布局规划》提出，到2025年，数字基础设施高效联通，数据资源规模和质量加快提升，数据要素价值有效释放，政务数字化智能化水平明显提升，数字社会精准化普惠化便捷化取得显著成效。您认为，数字治理应该怎样助力社会基层治理？

何艳玲：我在近期的演讲中多次提过这个问题，我提出了一个"人民算法"的概念，也就是说数字化的手段和方式，它不应该仅仅是用来提高社会管理的颗粒度，也不应该仅仅是说让我们办事更便利，它更重要的作用是用于科学研判人民的需求，识别未来的风险，并且让一些在平时的体制和传统模式上不能够被清晰看见的一些关键的治理要素能够呈现出来，以此保证我们决策的科学性，这才是数字化改革的最重要的方向。

比如说，我看到一些地方动用无人机以及其他的技术，大部分时候就是发现了街道上的违规停车。做这些事情成本是非常高昂的，但是它所起的作用其实就是发现了一些细微的违规现象。这当然也是可以的，但是我们在有限资源的情况之下，首先用来做什么，这应该被认知考虑。我认为，精细化的技术首先就应该用来提升识别人民真实需求的精度，并且以此来提高我们决策优化的程度。

从社会治理的角度来说，最好的社会治理是首先去研判人们的需求，并且用相应的机制去回应、去解决。如果不能解决的话，用什么样的配套政策，去把不能解决问题可能带来的负面效应降到最低。

所以我创造了一个命题，叫作"基于人民算法实现为人民而智治"。这是我们团队最近在做的事儿。

高明勇：随着人口老龄化的加剧，您认为在城市治理中应如何做到"适老化"？

何艳玲：实际上，在 2015 年"大国之城，大城之上"的演讲中，我就提到过，城市应该去保证弱者的安全，因为弱者他自己能够保证安全的渠道、资源和能力都比强者少。那么从这个角度上说，为弱者、为老人、为孩子、为女性提供更好的设施和规划，就是城市建设特别是人民城市建设的应有之义。随着中国老龄化程度的加深，事实上我们此前很多城市的一些标准、设施，包括规划本身可能都需要发生一个很大变化。

在我看来"适老化"不仅仅是个价值倡导的问题，更重要的是个科学的问题。也就是说，我们可能首先需要去研判老人在城市中的生活规律，研判老人在城市中的迫切需求，研判老人在城市中的风险系数等，这个我觉得是一个非常重要的问题。首先需要去研究，需要去找规律。其次是我们不可能在所有的方面都去回应这个需求，因为任何一种特定群体的需求都需要财政的投入，需要寻找这个群体跟其他群体的平衡，所以每一个城市怎么样能够在这种平衡之下去更好地、更精准地回应老人的需求，这是个非常专业化的问题。

就目前来说，我觉得"适老化"的改造最重要的是老人的出行和居住安全、老人的健康、老人休闲空间营造以及休闲空间的营造如何与其他的业态更好地融合在一块儿，这些是当前"适老化"迫切需要去做的一些事情。

陆铭

上海交通大学
中国发展研究院执行院长

城市竞争的关键是

"以生活留人"

2023年政府工作报告指出，常住人口城镇化率从60.2％提高到65.2％。这意味着提前实现《中华人民共和国国民经济和社会发展第十四个五年规划和2035年远景目标纲要》中谈到的"常住人口城镇化率提高到65％"的目标。那么，城市的下一步该如何"看得见"？

本期政邦茶座邀请到著名学者陆铭教授。作为著名的城市研究专家，陆铭教授从《大国大城》（2016）到《向心城市》（2022），从《中国的大国经济发展道路》（2008）到与多人合著的《大国经济学》（2023），他都在运用自己的"经济学思想"去打量城市发展、中国经济。

高明勇：陆老师好，首先祝贺您的大著《向心城市》获评"政邦推荐 2022 年度好书"。其实，不少人看到书名，第一反应就是"向心城市"何解？

陆铭：其实，在我上一本面向大众比较通俗的书《大国大城》出版之后，我一直觉得这本书把中国整个国家发展和区域发展的问题讲得比较清楚，但是对于城市内部的空间和发展的一些问题没有讲得特别好。当时关于城市相关问题的研究也还不够深入，在写《向心城市》这本书的时候，我觉得有必要把城市内部发展的逻辑跟空间的关系讲得更加清楚一些。

城市的空间格局包括城市和城市之间的格局，以及城市内部中心城区和外围的格局，本质上都是受两股力量所决定的，一股力量我们把它称之为"向心力"，它驱使经济活动和人口往中心地带集聚；另外一种力量称之为"离心力"，它驱使经济活动和人口向外分散。由于中国当前经济的现代化进程，尤其是经济已经进入服务业占比远远超过制造业占比这么一个新的发展阶段，"向心力"的作用仍然是超过"离心力"的，所以我们会看到经济活动和人口从农村持续向城市集中，从小城市向大城市集中，尤其是在城市内部，大家比较容易忽略，经济活动和人口还在向中心城区集中。很多城市在外围的郊区和农村，它的经济和人口占比是下降的，而中心城区的经济和人口占比在上升。

高明勇：您为何取这样一个书名？

陆铭：由于上面这样一种趋势，我就想到用"向心城市"这四个字来概括我讲的这种趋势。尤其是想让读者和与城市发展相关的一些决策者能够明白，在经济的现代化过程中，经济和人口的集聚趋势是经济发展的客观规律。那么相应的公共政策也要顺应这种客观规律，否则就会导致政策的目标本意可能是好的，但是结果却不一定好的情况出现。

在我们的思想观念里，我们总觉得经济活动和人口的空间集聚现象是一种地区之间的、不平衡的现象。同时在城市内部，服务业占比越来越高的阶段，人们觉得经济和人口在中心城区的集中，又是导致城市病的一种原因。但是，实际上这样的认识都是不科学的，因为它没有看到经济和人口向着少数地区集中的这种趋势，它是一种客观规律使然。而城市存在的一些问题本身是可以通过技术和管理去改善的，所以把这些问题讲清楚就特别重要。

就比如说，以大家普遍在议论的"城市病"，特别是交通拥堵为例，很多人都觉得人口向经济中心的集中是造成城市拥堵问题的原因。于是采取了一些办法，比如通过疏散城市的人口，尤其是中心城区的人口，把人口密度降下来，认为这样就有助于减少交通拥堵的问题，但其实在经济活动和人口"向心"的趋势之下，疏散中心城区的人口，要么是可能导致中心城区的活力下降，要么可能导致更加严重的居住和就业之间的分离，也就是通常所讲的"职住分离"，最后的结果反而可能是导致拥堵加剧。

高明勇： 近年来，从中央到地方都在提"城市群"或"城市圈"的概念，但也有观点认为在城市集群中，大城市会对周边地区产生"虹吸效应"，有可能导致周边城市发展无力。您是否赞同这一说法？

陆铭： 您在问题里问的这种情况以及大众的一些观点，实际上也是因为没有理解在现代化经济发展过程中，城市群内部城市和城市之间关系。实际上在现代化的过程中，经济在地区上集中的同时，也伴随着在城市群这样一个空间单元里面，不同城市之间也会出现经济和人口向着中心城市周围集中的现象。在这个过程中，社会公众所讲的所谓"虹吸效应"，我在书里解释过了，它实际上就是集聚效应所带来的一种现代化发展的空间状态。

在经济和人口向着中心城市周围集中的过程中，实际上不同的城市之间就会出现相互分工协调、优势互补、梯度发展这样的一种格局，中心城市的产业逐渐向现代服务业发展，然后这种现代服务业赋能周边其他城市，包括一些大城市自己外围的制造业，不同城市在产业链上的不同环节形成优势互补的格局。与此同时，中心城市还会借助于自己的人口规模和人口流量，发展一些依赖规模经济的消费型服务业。然后中心城市有成长为"消费中心城市"的发展潜力，有一些国际性的大都市甚至会逐渐形成"国际消费中心城市"。

　　为什么这种现象会为大众所不理解呢？主要就是因为观念和体制。从观念上来讲，在农业社会时期所形成的一种思想观念，就是觉得最好经济活动能够均匀分布一点。计划经济时期，我们也是这样的一种发展思维，是比较反集聚的。从体制上来讲，我们的地方政府是比较喜欢将本地的经济增长的规模和税收最大化。所以就会形成刚才所讲到的大家都不太喜欢经济和人口向着中心城市周围集聚的趋势。但是问题是中心城市周围的经济和人口的空间集聚，本身就是企业和个人"用脚投票"出来的一种结果，它是有客观规律的。

高明勇： 在这些城市集群中如何做到区域整体协调发展？

陆铭： 今天在现代化经济的集聚过程中，地区之间、城市之间的平衡要更加注重人均，而不是总量。现代化的国家出现的一个趋势也正在我们国家出现，那就是城乡间、地区间、南北间、东中西之间，一个省内部的不同城市之间的人均 GDP 差距都在慢慢地下降。根据我们的研究结果，我们当前全国范围内的城市之间的人均 GDP 差距，大约再花一代人左右的时间，就可以缩小到今天在发达国家出现的人均差距比较小的状态。

所以，中国当前要做的不是违反经济规律，做那种均匀意义上的经济和人口的空间分布或者疏散，而是要顺应区域发展、城市发展的客观规律，在经济和人口向着少数地区集中的过程中，把不同地区之间的生活质量的差距，通过政府的公共政策来进一步地缩小。

对于一些人口增长缓慢、甚至出现负增长的地区，要通过财政转移支付来帮助它们发展有持续竞争力的产业，以及帮他们提供和居住人口所适应的公共服务，这样避免在人口集聚的过程中，出现不同地区之间发展不协调导致的不良后果。

高明勇：这个方法在操作中还是有相当难度的。

陆铭：关键是在城市群内部，不同城市之间，如果是市场成为配置资源的决定性力量的话，那么不同城市之间就会在产业结构上出现一种相互分工、优势互补的格局。比较靠近中心城市的地方，就会融入以大城市为核心的都市圈发展，它的辐射半径有可能会达到几十公里到上百公里这样的范围，在这个范围之内可以发展一些制造业，跟中心城市的服务业相互补充，有利于提高整个产业链的竞争力。

如果在一些远离大城市的地方，那么可以发展当地具有资源优势的，或者说规模经济、集聚效应没有那么强的产业，同时可以发展农业、旅游业等产业。在这些地理位置比较外围的城市，如果人口减少的话，就要更加注重提高人均 GDP、人均收入，还有综合生活质量，这样的话，就能够使城市和城市之间生活品质的差距不被拉得太大。

总的来说，这就是我讲的经济和人口在现代化过程中一边集聚、一边达到人均差距缩小的这样一种状态。不同城市之间呈现分工协作、优势互补、差异发展的格局，而差异发展的格局本身又是一种梯度发展的格局。也就是说，各个地方不要求雷同，而是要求差异化竞争。

高明勇： 有观点认为，今后五到十年，都市圈和城市群加快发展是我国经济增长的"新风口"，您本人也曾建议加快实施以中心城市带动的都市圈和城市群发展战略。您认为应该如何有针对性地优化资源配置，避免都市圈和城市群发展的同质化？

陆铭： 城市群和都市圈发展最为核心的问题，实际上就是要校正地方政府的行为。当然，在地方政府行为的背后，是我前面讲到的观念和体制两个因素，那么其中从抓手角度来讲，税收体制和官员的激励考核体制是关键所在。也就是说，如果我们不改变每一个地方都要最大化自己的经济规模和税收总量这样一种激励，然后我们的地方政府对于市场的干预又比较强有力，那么它就很难避免你讲到的地区之间的重复建设和市场分割的问题。

当然在税收和激励改革中，有一系列工作可以做，有的是短期可以做的，有的是长期要去做的。

从短期的角度讲，需要至少以省为单位来减少对下属城市税收总量和经济增长速度的考核，因为如果每个地方都考核经济增长的速度，其实就是在鼓励各个地方要做大自己的经济规模。尤其是对一些地理位置相对偏远的地方，如果不具有集聚制造业这样一种优势的话，经济发展就更加应该强调追求人均 GDP，以及当地居民的幸福指数和生活满意度，包括提高公共服务的水平，来改善当地居民的生活质量，满足人民对美好生活的向往。

与此同时，在融资方面，一段时间以来，中央采取了很多治理地方政府债务增长的机制，包括 2023 年全国两会期间出台的关于金融体制改革的一些办法，要加强中央的金融监管职能。地方的金融发展局要转变职能，不再加挂金融办、金融发展局这样的牌子，专司金融监管职能，这样的话就可以切断地方金融办与金融机构之间的相互联系，减少地方政府通过负债去盲目发展一些自己没有竞争力和可持续能力的产业，结果却导致地方政府负债的这样一种行为。

从中长期角度来讲，最为关键的就是深化生产要素市场的改革。其中最为重要的，除了刚刚讲到的金融和地方政府债务相关的改革以外，在人口方面主要就是通过户籍制度的改革，使得常住人口享受公共服务的权利与户籍身份脱钩，来促进人口在不同城市之间的合理流动。另外就是在土地的资源分配上面，要进一步改变建设用地指标在地区之间搞均匀分布这么一种政策导向，使得建设用地的配置跟一个地方的常住人口的变化相适应。要加快全国范围之内的建设用地指标和补充耕地指标的全国统一大市场的建设，那么这些生产要素的改革，再加上一体化的交通基础设施网络的形成，就可以更加有力地促进生产要素在不同城市之间的高效配置，继而加快形成我前面讲到的区域经济协调发展的空间格局。

然后在财税体制方面，因为我们现在的地方政府税收来源的主体是增值税，还有企业所得税等。这种税收格局就会让地方政府比较偏重于生产，这个对于形成区域发展协调的格局是不利的。未来我国有必要逐渐地把自己的税制向财产税、个人所得税和消费税这些方面转变，这样可以减少地方政府对于生产，尤其是制造业生产的依赖，继而促使地方政府更加重视人口在当地的增长及其消费的集聚和增长，使得地方生活水平的提高更多地体现在房价和房产税上，从而产生一种有利于地区之间高效集聚的发展格局。

　　而对于一段时间以来曾经出现的地方政府依靠投资和借债来加快当地发展，最后导致的高债务低回报的不良后果，现在中央也已经明确，不会对地方政府的债务采取直接救助的措施，而是强调"谁家孩子谁家抱"。这个就可以有效地避免一些地方政府的"道德风险问题"来持续地依靠借债发展，也对我们刚刚所讲到的地区间协调发展格局是有好处的。但是我们必须得看到，这个过程也是有"阵痛"的。

　　高明勇：近年来，我国的大城市越来越大，大城市也越来越多。前几天我注意到这样一个数据，截至

2022 年年末，成都市常住人口为 2126.8 万人，仅次于重庆、北京和上海三座城市。成都、杭州等城市正在缩小与北上广深的差距，那么，您认为支撑这些大城市越变越大的原因有哪些？

陆铭：在回答您这个问题之前，首先我想借这个机会向所有读者澄清一个基本概念问题，就是在中国，"城市"这个词，并不是经济意义上的城市。中国的城市实际上是一个辖区概念，而经济学意义上的城市，它是一个连片发展的、一体化的一个都市经济体的概念。所以在人口统计上认为重庆有三千多万人，成都有两千多万人，但这并不等于这些地方的连片发展的城市区域同样有这么多的人口。

这也是为什么有的人会认为重庆是中国第一大城市，而实际上，重庆的面积和人口都超过中国的宁夏回族自治区和海南省。所以不能认为这是一个城市经济，这是一种情况。另外一种情况就是在有些地方，其实一体化的城市区域已经超过了原来我们辖区意义上的这个面积，最为典型的就是广州跟佛山之间，它们的经济是无缝对接、深度一体化的。所以你单独看广州的人口会觉得是两千万，但实际上佛山的人口还有近一千万，广州加佛山两个地级市在一起的人口已经超过二千八百万，这是第七次人口普查的数据。所以千万不能用行政辖区意义上的人口或者经济规模来套用在对城市的理解上，这会对中国的很多跟城市和区域发展相关的一些政策影响非常大，甚至会起到一些误导作用。

中心城市"长大"实际上就是现代化经济在空间上的集聚所导致的结果。中心城市有必要跟周边其他城市形成一个一体化的连片发展的都市圈。但是恰恰是我们前面所讲到的，在城市这个概念上我们理解的问题，导致了我们很多的资源配置、规划等，还是按照行政辖区来进行安排，结果就出现了总是觉得中国有些一线城市人口规模太大了，土地开发强度也太高了的问题。

但是实际上，如果我们把中国的一些中心城市及周围半径大约在 50 到 80 公里范围之内的这样一个潜在的都市圈比较——注意，我特别强调是潜在的，因为当前实际上我们并没有真正形成一体化的都市圈——除了广州和佛山，深圳和东莞之间一体化程度比较高以外，像上海和北京，在一个 50 到 80 公里半径范围之内的人口，其实也就是三千多万，都没有达到像东京都市圈已经三千七百万，接近三千八百万人口的这样一种发展状态。这就是我讲到的这种由于概念的误解导致的公共政策上的误区。

在这样的一种概念误区之上，我们又把疏散城市的人口和产业作为解决"城市病"的办法，那就会出现一些"南辕北辙"的结果。比如说在北京和上海的一些郊县，本来它在辖区上属于北京或者上海，它应该是都市圈内的经济和人口的集聚地区，但是在前面所讲到的按照行政辖区来控制人口和建设用地的思维之下，这些地方采取的却是对人口增长的严格管控，包括建设用地供应的控制，那么这种传统的政策思维就跟经济现代化的集聚规律不一致了。

高明勇： 过去我们说起城镇化，第一反应都是城市。2022年，中办、国办印发了《关于推进以县城为重要载体的城镇化建设的意见》，政邦智库在区县调研时也看到了很多县域城镇化的规划方案。从县城的角度出发，您认为我们该如何看待新一轮的城镇化建设？

陆铭：现在新一轮的城镇化建设的关键，就是顺应我前面讲到的经济规律，实现不同地区、不同城市之间的差异化的发展。该集聚的就集聚，该大的要大，有些偏远的地方人口出现负增长也要去顺应它。

即便在县城这个层面，也需要实现一种差异化的发展格局。我们必须认识到，"县城"这个词在中国本身具有巨大的差异性，有些地方的县城是在东南沿海，靠近大城市周围，县城的体量实际上非常大。比如说上海边上的昆山，总人口超过两百万，而且工业非常发达，它的人口体量已经超过中西部的一些省会城市。中国最小的县城在西藏，人口只有八千多人。

在全国范围之内有大量的县城，主要是那些既远离海，又远离本省内部的省会，或者大城市的县城，人口出现负增长的局面。在资源枯竭型的一些地方，这种人口负增长的趋势更加明显。所以，去年出台的《关于推进以县城为重要载体的城镇化建设的意见》也是明确地把中国的县城分成五类，提出分类发展。第一类是大城市周边县城，第二类是有特色产业的县城，第三类是农产品主产区县城，第四类是重点生态功能区县城，第五类是人口流失县城，其中有不少可能就是资源枯竭型的城市的县城。

所以，发展的思路就是在人口能够持续增长的县城，如果地理条件比较好，那么就要在户籍制度、土地供应等方面顺应人口增长的趋势，提供更多产业和人口集聚的条件，包括增加住房供应，实现外来人口的市民化和公共服务的均等化。但是在人口流出的地区，就要适当地减量供应，有些建设用地要减量开发，公共服务的资源要随着人口向着中心城区集聚，把公共服务的资源也向中心城区集聚，这样才能够兼顾公共服务提供的效率和公平。

面向未来，关键要转变的是全国各地每个地方都"大干快上"那种区域发展格局。有些地方不能再盲目地像以前那样扩张，加大投资，最后投资下去了，新城建设和基础设施建设好了，结果人口流出了，导致当地债务负担沉重，这种局面在新的城镇化的过程中要改变。

同时，我再次强调，要转变从中央到地方层面的一些发展思路，不要总觉得可以通过行政力量、人为地去改变经济和人口的空间格局，这种做法事后会证明，跟经济、人口向少数地区集聚的趋势是不一致的。在政府限制资源的空间再配置的背景之下，既会导致在人口持续增长的中心地区出现建设用地、基础设施、公共服务设施的不足，又会导致在相对外围的地理位置条件不太好的地方出现投资过度、房产过剩、债务攀升这样的格局，这种局面不能在未来继续下去了。

高明勇：我注意到，在 2022 年全国两会期间，您提交了《深化农村宅基地制度改革建议》等多项提案。随着越来越多的农村人进城工作生活，我国各地农村宅基地已经不同程度地出现了闲置问题，您认为应当如何盘活这些闲置的农村宅基地？

陆铭：在城中村和靠近城市的农村，人口外流情况较少，宅基地的需求仍然较高，有些宅基地已经盖满了小产权房。在具有特色产业和旅游资源的农村，很多宅基地已经被用于经营。但在远离大城市的农业主产区，人口外流严重，闲置宅基地的市场价值不足。

宅基地闲置现象，大量出现在人口跨地区流动的过程中。人口流出地区，宅基地闲置情况非常严重，甚至不少宅基地上面的房子早已倒塌。这种情况，影响是多方面的。在这些地方，土地利用效率非常低，当地的农业要实现规模经营，会受到不小的制约。

农村闲置宅基地目前可转让的范围局限在同村居民之间，而大量出现宅基地闲置的地方，村民往往只有转出的意愿，没有转入的意愿。农村居民拥有闲置宅基地，实际上根本卖不掉房，无法将闲置宅基地或对应的使用权转化成财产性收入。

所以对于人口流失严重地区出现的大量闲置宅基地，应该设计相关机制，让农民在有偿、自愿的前提下退出闲置的宅基地，相应宅基地应该允许其可复耕成为农业用地或生态用地。

要允许农民直接通过市场，有偿退出农村宅基地使用权，并将因此得到的补充耕地指标进行交易。该指标可由指标紧缺的地区购买，收益在扣除交易费用后由指标转出地的县级政府和农民按照法定比例分配。

需要注意的是，宅基地监管和权益处置中，一定要充分尊重农民意愿，加强村集体决策，明确村集体在宅基地监管和权益处置中的主体性作用，具体规则由村民通过民主协商的方法确认，由集体经济组织负责维护农民资格权，放活使用权。

此外，当前集体经营性建设用地入市在全国已经试点了，而且已经出台了相关的法律。但这其中还包含几个具体问题值得讨论：第一，已经试点的成功经验是不是可以推广到全国？第二，集体经营性建设用地的范围是否包括宅基地？在试点过程中，有一些试点实际上已经将非住宅用途的宅基地变成集体经营性建设用地，然后入市，并且已经发挥了经营的功能，比如建造民宿等。

这些用地，既然事实上已经是非原居民居住了，那是否允许得到法律保护更长时期的租赁合同？目前租约最长时间是 20 年。合同短期化导致相关经营活动缺乏稳定的权益保护，不利于相关主体开展长期投资，现实中出现过一些农村居民毁约的情况。

高明勇： 这些非原居民居住的宅基地，能否直接允许其转化成经营性用地入市？

陆铭： 我认为可以在总结当前集体经营性建设用地入市改革方案的基础上，解放思想，让试点的成功经验加速推广，扎扎实实提高农民的财产性收入，产生更多农村地区的经营主体，激发市场活力。

需要强调的是，宅基地改革的首要前提一定是，农民在放弃宅基地使用权时有偿且自愿。在转让宅基地或者是对应建设用地指标过程中，要尽量保证农户获得合理的收入。

此外，可以设置一些安全机制，来防范负面影响。比如农村居民放弃自己村的宅基地了，是不是可以设置一个制度，在放弃宅基地使用权之后的若干年内，他可以再以集体居民的身份，在需要的时候重新申请村里的宅基地。在实践当中，据我了解有些村庄就是这样做的。

这样一来就相当于给了村民一个退路，万一有农村居民放弃宅基地进城，后来又想返回农村了，可以在有偿的情况下再回到自己的老家。

此外，宅基地改革要想循序渐进地推进，可以首先考虑那些早已在城市里稳定居住下来的人群，这类人群在每个村都大量存在。可以优先允许他们自愿且有偿退出在农村老家的宅基地。

高明勇：这几年很多地方都推出各种政策"抢人才"，我也曾以济南为例撰文《城市软实力，关键还在"人"》。您如何看待各地上演的"抢人大战"？

陆铭：一个城市能不能真正"抢"到人才，关键就是看两点，第一点就是当地发展的经济，它是不是有一定的持续力。如果一个地方的经济发展采取了跟当地的比较优势吻合的发展路径和政策，那么这个地方的经济发展是可持续的，相应的经济发展就会带来相应的从业人员，以及对相应人才的吸引力。反之，如果不顾地方经济发展的比较优势，盲目扩大生产、进行相应的投资，最后导致的是地方政府投资过度，负债高企，反而没有办法持续地留住人口。

同时，随着经济的现代化程度越来越高，服务业在经济当中所占的比重越来越高。与此同时，在居民消费结构内部，服务消费的比重也比耐用消费品和非耐用消费品的比重增长更快。而服务消费本身，就是一个城市生活品质的重要体现，具体来说就是随着人民群众收入水平的不断提高，人们会爆发出对服务消费的品质和多样性的需求。

所以，一个地方是否能够把这个消费服务业的多样性和品质做出来，包括教育、医疗这样的公共服务，并持续地改善它的质量，是尤其重要的。对于一些大城市，甚至要考虑到吸引国际人士，要有跟外国人的需求相适应的一些服务消费的提供，比如说跟外语相关的服务和内容消费场景，这样才能产生对人口的吸引力。

当经济发展进入服务业为主，而且服务业比重越来越高的阶段，传统的地方政府针对制造业采取的招商引资、加大补贴这样的竞争方式所起到的作用是逐渐递减的。因为到了服务业发展阶段，服务业成为创造经济和就业的主体，但是服务业本身又具有小众化、非标准化、个性化的特点，而且从政策制定者的角度来讲，也不太可能像制造业那样，事先就能够判断生产者能够生产出来什么样的产品，以及市场需求的质量是什么样的。服务业发展阶段，这样做非常困难。这就意味着，传统的招商引资政策越来越难。

高明勇：对城市来说，如何"抢"到真正需要的人才？

陆铭：地方城市间的竞争，从简单的招商引资所导致的同质化竞争，到我书里所讲到的"以生活留人"，特别是以服务业的品质和多样性来打造城市的生活，这个时候对于城市"以生活留人"就特别重要了。这时候只要把人留住，就成了一种普惠式的产业政策，对城市里所有产业和企业都有益，而不是政府直接去用一些补贴的方式，去改善某个特定产业或者特定企业的生存和发展。

当然，话又说回来，我这里所讲到的生活品质本来就是一个非常大的概念，除了刚才所讲到的消费服务的多样性和公共服务的品质之外，如果这个地方空气质量比较好，而且房价通过持续增加供应，能够控制在比较低的水平，然后一个地方要是政府对市场比较友善，营商环境比较好，对民营企业也比较宽松，服务意识更强，那么这个地方也可以依靠形成综合的高品质的工作和生活环境来留住人。

高明勇： 我注意到您长期关注人口老龄化问题，政邦智库对这一问题也非常关注，面对日益加重的人口老龄化趋势，除了"延迟退休"，您认为我们还可以采取哪些办法来应对这一难题？

陆铭： 人口老龄化的问题，在中国伴随的是人口的少子化，所以它直接的结果就是使得中国的劳动力供给的数量会出现萎缩。在这个过程中解决问题，要有多管齐下的做法。

一个大家直接想到的问题，当然就是您所讲到的延迟退休，中国也已经开始出台延迟退休的方案，但是由于这个方案是在一个较长的时间里面逐渐推进的，所以对于缓解养老金压力和劳动力供给不足的压力的作用，其实也非常有限。

第二个办法就是在生育政策上，一方面要放松对于生育的管制政策，实现自由、自主生育。然后要给青年人形成一种友好的城市发展的环境，尤其要着眼于居住成本和养育成本的改善，关键还是通过提供更多的住房，以及更多的优质的教育资源，比如幼儿园的资源，还有企业在有条件的情况下提供幼托服务，这样能够缓解一些生育率不断下降的趋势，虽然不一定能从根本上去扭转。

以上谈的政策实际上都是在讨论人口在数量意义上的红利，那么第二重红利呢，就是2022年在两会上，李强总理在答记者问的时候提到的人口的素质红利，总的来说意思就是要加强对孩子的人力资本投资，主要是通过教育的改善来形成劳动生产率的持续提高，来缓解前面讲到的人口数量意义上的红利消失的局面。

大家平常讨论相对比较少的，实际上是我接下来要讲的第三重红利，就是人口的配置红利。在中国这样一个人口规模超大的现代化过程中，中国的城乡间和地区间的劳动生产率差别还是非常大的。所以如果能够畅通国内大循环，让劳动力更为顺畅地从农村向城市、从小城市向大城市流动，那么在流动的过程中，对个体来讲可以提高收入水平和就业机会，对于整个国家来说实际上就提高了人力资源的利用效率。这是可以比较有效地缓解人口红利消失带来的一些负面影响的，而且不仅在短期内人口的重新配置可以爆发出巨大的配置红利，而且人口素质也能够在这过程中得到改善。

其中的原因之一是当前要改善后代的教育，矛盾焦点在于农村孩子如何提高他的人力资本投资。中国还有大量的留守儿童问题有待解决。如果我们看到现代化的进程是一定会带来人口在空间上的重新布局的话，那么就要解决留守儿童的问题。如果在人口流入地加大投资、多建学校、改善教育质量，既可以促进孩子跟父母的团聚，又能够使他们获得更好的教育，提高人力资本的水平。

第二就是一段时间以来，我更加强调的，因为经济发展到以服务业越来越重这样的一个阶段的时候，服务业比制造业更加需要相关从业人员在城市里面生活的经验积累。因为服务业是人和人之间打交道的行业，它不像制造业，是人和机器打交道的。制造业发展阶段，一个进城务工人员经过几天的培训，就可以在流水线上进行操作，就可以工作了。但是当前中国服务业就业的比重已经接近一半，以后随着技术进步，机器、人工智能等还将进一步替代制造业里的就业。而服务业的大量就业岗位是可以和技术、人工智能等形成互补的，有大量的服务业工作，是不太可能被机器和人工智能所完全替代的。尤其是生活服务业中有大量的工作岗位，对于从业者的受教育水平要求并不高，可能成为未来城乡间和地区间流动的这部分人群的就业机会的来源。

但是服务业对于人和人之间的社会交往能力的要求会越来越高，所以如果能够促进城市化顺利地推进，促进地区间、城乡间流动人口的市民化进程，可以让他们稳定就业和居住在现在所工作的城市，那么就可以使得这些人群在所居住的地方，持续地积累在城市生活的经验，有利于他们的就业和创业。而在个体层面上，这种有利于就业和创业的过程，对整个国家来讲，实际上就是可以缓解劳动力供给压力和社保缴纳压力的一种有效途径。

而且，随着整个中国的养老保险等社会保障体制全国范围内一体化，在少数人口集聚地区出现的这种红利，也可以借助着全国一体化的社会保障体制，形成一种全民共享人口集聚红利的有利局面。

高明勇： 几年前，很多人在提"逃离北上广"，前段时间又冒出了"重返北上广"之说，为什么会出现这样的说法？

陆铭： 关于"逃离北上广"和"重返北上广"的说法一直都存在，我们并没有数据去看到这样从逃离到重返的人到底有多少，但是这个说法体现出来的问题本身是有意思的。

准一线、二线城市有一些方面还是跟一线城市有一些距离的。如果一些外来人口的老家在小城市或者农村，在上述讲的几个方面跟一线城市的差距就更大。如果离开一线城市，他自己本身所擅长的专业，可能只有在一线城市才有就业机会。或者说这个人本身对服务消费的品质和多样性有比较强的偏好，最后就会出现有可能还是会重返一线城市这样的一种现象。

所以，对于个体来讲，一定要在选择自己的就业和生活居住地的时候，充分考虑自己的需求和所在城市的供给的匹配程度。如果是那些职业为现代服务业，对消费的品质和多样性又比较在乎的人群，即使一线城市的生活的成本比较高，可能也仍然只能在一线城市满足自己的需要。

有"逃离北上广"的说法的这些人看到的是，一方面在大城市有比较高的生活成本，一方面在一些一线城市户籍制度卡得比较严，所以好像从一线城市离开的可能性比较大。但是一线城市之所以成为人口集聚的地方，它有很多好的方面，比如就业机会比较多，收入水平比较高，服务消费的品质和多样性，以及公共服务的水平比较高。

其实不同的人群到底在哪里生活和居住，完全是一个个性化的选择。我认为一个良好的发展环境是给每一个人，能够有他追求自己的梦想和满意的生活方式的一种可能性的条件，而不是由一种僵化的身份（比如户籍）来决定谁去谁留。当前北上广深等一线城市，问题就在于长期以来没有为人口的持续增长做好准备，所以公共服务和基础设施的供给，包括住房的建设，尤其是公租房和廉租房的建设是跟不上人口增长趋势的。

接下来要做的事情就是要通过供给侧的改革，一方面让长期稳定就业和居住在大城市的人群稳定居住，在公共服务等方面能够实现市民化；暂时不能够获得当地户籍和市民身份的人，也要通过公共服务均等化，让常住人口获取市民的公共服务待遇。尤其是住房的供应要跟上，让能够买得起房子的人不至于面临住房的严重短缺，房价不至于太贵，同时让在高房价面前望而却步的人群，能够通过政府所提供的公租房和廉租房，提高在一线城市稳定就业和居住的可能性。

当然，对于那些在供给侧做了大量努力，仍然觉得一线城市生活的成本太高而选择离开的人群，我认为也应该尊重他们的选择。有些人选择在准一线和二线城市生活、工作，有些人甚至选择回到老家的小县城和农村，只要每个人觉得他的选择是理性的、让自己满意的，我认为都是值得尊重的。

高明勇： 您认为什么样的城市才是真正宜居的大城市？

陆铭： 从整个国家的发展角度来讲，一定要认识到人口长期向中心城市及周边地区的都市圈集中的趋势。

我之所以做这样的判断，一方面是因为全世界范围之内，哪怕在高收入的发达国家，现在人口从小城市向大城市集聚的趋势都没有终止，而且还在不断地发生。

另一方面是在中国过去这一二十年的快速城镇化过程中，哪怕在人口集聚的一线城市和一些特大城市，公共服务、基础设施、住房、户籍等短板没有完全克服的情况下，人口集聚的趋势都在不断地发生。所以，未来要是畅通国内大循环，生产要素的市场化改革更进一步推进的话，以上我说的趋势只会进一步地发展。因此，我们在政策端，在供给侧，一定要为这个长期趋势做好充分的准备，否则就会对中国式现代化产生不利的影响。

一个宜居的大城市，不是传统观念下的低密度、大绿化。大城市的宜居本身就首先应该是就业和消费的活力，然后是借助于高密度实现网络化的路网和便捷的交通，再就是通过低碳的生产和生活方式、立体和垂直的绿化、小而多的"口袋公园"等实现大城市的人与自然和谐共生。

邹振东

高等研究院执行院长

强与弱：

舆论世界的"0"和"1"

一切似乎都在"复苏",不仅仅自然,还有生活,还有人心。

过去的三年,不但是疫情反复的三年,也是相关防控备受关注的三年,还是舆论场上不休不止的三年。从舆论学的角度,如何看待相关的现象?

如何解释这些舆论现象,可能深度影响着每一个人的印象、认知和思维,乃至心理。

在本期政邦茶座中,知名舆论研究者邹振东认为,没有一种舆情,比疫情的舆论分歧更大,比疫情的舆论能量更强。面对疫情,我们完全是共情,因为我们无一例外被卷入其中,不是人同此心或感同身受,而是我们就是当事人,我们就在身受。

高明勇：邹教授好，今天想聊聊您的成名作《弱传播》。说起来我和这本书也算有渊源，当年请您在《新京报》评论周刊开设专栏时，您就曾提到这本书的写作计划，并且专栏的不少内容也是书稿的一部分。您怎么想到要写这样一本书呢？后来出版的时候，也用了几年的时间。说真的，确实很佩服您的"定力"。不知道公开的书稿是否颠覆之前的计划？

邹振东：的确，我相信您在阅读《弱传播》时，一定会看到一些熟悉的影子。不只您，包括蔡军剑（原《南方周末》评论编辑）在内的不少媒体老师可能都有这种感觉。我最早"跨界"被注意，大约是《南方周末》多次用整版刊登我对台湾选举舆论战做的一届届复盘。当时我正苦苦撰写中国大陆第一篇关于台湾舆论的博士论文，写台湾的选战复盘不过是论文的边角料，写博士论文一星期写不了几百字，写选战复盘一天我就可以写一万字。可能大家没有想到台湾还可以这样看、舆论还可以这样写，于是报刊纷纷邀请我开设专栏，最忙的时候，每周要给北方的《新京报》和南方的《南方周末》各写一篇东西，主要内容就是用传播学的视角观察大陆的舆论场。我追踪台湾舆论二十多年，台湾的舆论异常活跃，被我评估为舆论形式最发达的一个舆论场，反过来再来观察大陆舆论场，或者延伸出去观察美国的舆论场，就非常简单了。

高明勇：对，当时很多人认识您，就是通过几个报纸的评论专栏。您的写作风格似乎也很适合专栏写作。

邹振东：写专栏，我比较客观、温和、包容，不设立场，不带情绪，不选边站，纯粹用舆论学的方法工具进行分析和解释，尤其对被分析对象（甚至包括被舆论千夫所指的对象）尽可能带着足够的理解和温情，这种特立独行的写法最直接的好处就是收获不少粉丝。

高明勇： 好像您出版的过程本身，也是一个故事？

邹振东： 大概在这时，我的知名度依托这些开专栏的媒体就传开了。于是，有好多家出版社找上门来，希望把我在各家专栏的文章结集出版。我对出版社不熟悉，有师友就推荐我先找一家图书策划机构咨询一下，于是就见到了果麦老总路金波先生。第一次见面，记不得聊了什么，结束时，路金波就说："邹老师，请尽快动笔，什么时候写完，我们什么时候推。"结果我懒，多少时间过去，一个字都没有写。一次出差，顺便见了第二次面，也记不得聊了什么内容，路金波的结束语变了："邹老师，某年某月某日之前，您要给我们稿子。"又拖了快一年，我依旧没有动笔，同样是不期然见了第三次面，同样是海阔天空随便聊，路金波的结束语变成："邹老师，我们要签合同，先付定金，你必须在某年某月某日前交稿，每推迟一天，按天付违约利息。"天哪，我既没有写任何项目说明书、论证书，书稿也没有写一个字，就给我签合同、付定金？他们也太信任我了吧！要知道，那时候我还是一位电视人，除了出版过一本在博士论文基础上改写的专著，没有写过任何一本畅销书呀！这件事越到后来对我触动越大，人文艺术学科的评奖或课题，需要人家报名申请，填几万字的申报书，然后所谓的盲审，几个不知道内行还是外行的评委，大致一看，就决定命运，八成拿不到最好的东西。虽然我对如期交稿也没有把握，但我觉得这样也好，有合同，怕罚款，会逼我动笔写。就这样，我从在电视台工作一直写到进大学教书，整整写了四年，幸亏果麦的产品经理陆如丰软磨硬缠"逼债"得狠，不然还不知道猴年马月才能完工。您夸我有"定力"，我心虚得很！

高明勇：我算是这部著作比较早的读者了吧？记得当时我看的是还未出版的审读赠阅版。平时大家会说"理想很丰满，现实很骨感"，我想知道的是，您认为目前的现实书稿超越了当时的梦想，还是并不满足？

邹振东：是的，写作过程中，我多次征求过您的相关意见，我还特别征求过您封面设计的方案呢！目前的现实书稿大约实现了我原梦想的八成。改稿是一个折腾人的过程，因为考虑到出版的要求，必须不断地删改。但事后，我还是非常感谢我遇到一位非常敏感、非常负责任的责任编辑，那就是国家行政学院出版社的吴蔚然老师，一双严厉的眼睛不仅是对图书出版最好的助产，也是对作品生存最好的护航。

在我被删改弄得非常沮丧的时候，果麦的吴畏老师一语惊醒梦中人："我觉得删改后，还是那么精彩，哪怕再删掉 10 万字，还是很精彩！"于是，我们达成共识：这的确是"一本你从未读过的书"，能够顺利出版就是成功。

高明勇：《弱传播》是 2018 年出版的，到现在也有三四年的时间了。我一直想写篇书评，或许是太认同书里的观点了，就感觉默默做一个读者挺好。当然，作为一本对现实传播生态和规律高度提炼的著作，用几年的时间与现实舆论场"对照"一下，似乎更有价值。您认为有需要修订的地方吗？

邹振东：谢谢您的认同。我觉得大的修订可能不会有了。尽管出版社给了最严格的三审五校制度，还是避免不了个别字句有些错漏，这些已经在一次又一次重印时订正过来了。这本书最大的缺点就是不太火，最大的特点就是没有赶时髦，它会是一本慢热的书。从目前的销售看，主要是靠口碑，人传人！基本上，一个单位有一个人看过，很快这个单位就会买几十本和几百本。这和果麦擅长的《浮生六记》《小王子》的发行不太一样，这些书不太可能一家公司买它几十本的。《弱传播》自己的传播，是传染性传播。跟我的"弱传播邹振东"公众号很像，不是爆款，但阅读量和粉丝会慢慢地涨，我看到数据的变化，就知道又是在"传染"了。

这本书四年了，如果我当时不这样写，而是写成一个案例集，如今疫情三年，恐怕一年前的案例都恍如隔世了。但这本书越来越受到人们的青睐。如果我告诉你们有很多名人大咖在拿《弱传播》做实验：有的最初看不起它，后来慢慢看顺眼了；有的运用它，闷声发了大财；有的多次把自己公司当小白鼠测试它，居然发现没有一次失败；有的感觉《弱传播》仿佛就是为自己写的，宣布从今以后是"弱传播"理论的信徒……你们肯定半信半疑，更重要的是，理论并不是因为你是名人就更好用，普通人难道就不能用弱传播了吗？

所以，我还是说说我学生的故事吧。我的研究生最初"迫于我的淫威"，表面上会对弱传播理论点一个赞，但我猜他们内心大多将信将疑，真的这么好用吗？他们只有经过毕业找工作的痛苦劫难，才能真刀实枪见识到弱传播理论的神奇魔力，每一届毕业生无一例外都可以向师弟师妹们讲述他们忘记弱传播或实践弱传播的故事与传奇。我举这些例子，无非是为了说明，《弱传播》的爆发力不太行，但解释力半径可能很长，可能超越我自己的想象。

高明勇：我也知道书出版后在业界引起较大反响，不少地方也请您去讲课，从与业界的互动看，您认为这本书的最大价值是什么？或者说解决了哪些问题？

邹振东：找我的人，往往是"两头人"，一头是"吃过苦头"，一头是"尝到甜头"。与业界互动，我觉得，他们最先受益的可能是我在书中写到的六七十个分析工具、解释工具和实战工具。比如，一次舆论事件让某公司订单一下子减少上百亿，老板彻夜难眠。他公开在全公司大会坦陈："从业以来，经历过无数次风波，比如亚洲金融危机，都挺过来了，如果受挫，我清楚地知道自己错在哪里，下次不犯重复的错误就可以了。但这一次的舆论事件，我知道自己犯错了，却不知道错在哪里。直到偶然读到了《弱传播》，一下子豁然开朗，明白自己错在哪里了。"

　　但我觉得《弱传播》最大的价值，还不是这些，甚至不是人们经常引用的弱原理："生活中的强势群体就是舆论中的弱势群体"，而是"两个世界"的理论。我跟古今中外绝大多数传播学者不太一样的地方，就是不是把舆论当作社会的一个"行为"或"现象"来看，而是把它当作一个"世界"来看。这样思维的学者，古今中外屈指可数。舆论学之父李普曼算一个，《沉默的螺旋》作者诺依曼算一个。我当然与他们有天壤之别，但我的思维与他们是一致的，这也是牛顿与爱因斯坦的思维，不只是思考一个现象，而是思考一个世界，甚至整个宇宙。虽然他们是巨星，我是微尘，但微尘再卑微也不妨碍它可以追光。

　　微尘有两种，一种认为自己就是尘，一种误以为自己是光子。弱传播理论认为：舆论不是这个社会如政治现象、经济现象、生活现象这样诸现象之一，而是和现实世界几乎完全对着走的另一个世界，它是现实世界的逆世界和反物质。它几乎和现实世界的所有规律都反着来。你一旦接受了弱传播，你为什么会在舆论世界犯错这样的问题一下子就明白了。你本来对很多舆论现象看不懂，一下子就清楚了。所以，听过我课的人，最喜欢用的一个词就是——"震撼"！

高明勇： 从方法论的角度看，您为什么会选择"强"与"弱"的关系来重新思考传播问题，而不是其他的对应关系？

邹振东： 我本来读理科，在高三才冒险转了文科，以至于后来不时会想，我是不是一位被文科耽误了的理科生。在底层思维的方法论层面，自然科学对我的启迪，远远大于社会科学。幸运的是我的硕士导师林兴宅教授也是一位受自然科学深刻影响的文艺理论家，他有一篇论文《诗与数学的统一》，被王蒙多次念叨。我坚信一切的社会科学（人文艺术除外），最终都可以转化为一种数学存在。因为我把舆论看作一个世界，所以我隐隐约约一直在找舆论世界的"0"和"1"，最后在强与弱的关系上，发现 0 和 1 这个代码。不仅仅强与弱是舆论世界最核心的要素与关系，而且舆论世界的一切要素与关系最终都可以转化为强与弱的要素与关系。传统社会科学思维的一个短板，就是喜欢把简单的事情复杂化，不加区别地叠加各种要素来理解舆论场，比如身份、性别、国家和文化，殊不知，这些要素最后都转化为强弱的属性参与到舆论的竞争传播。所以，很多舆情软件搞得很复杂，把社会科学生搬硬套地数学化，其实，所有的要素都可以转化为强弱这个 0 和 1，由此直接将舆论世界数字化。我对舆论数字化研究有很多想法，期待可以和数学家合作。

高明勇：您认为 2020 年以来这种"非常态"的情况下的舆论场，发生了哪些变化？

邹振东： 2020 年以来，舆论场的最大变化，就是不仅每一个中国人，乃至全世界所有人，被同一个"变量"所影响，那就是新冠病毒。在此前，没有任何一个问题，成为全人类每个人共同要面对的问题，气候问题、能源问题、饥饿问题、战争问题、环保问题、性别问题，哪怕是疾病中的艾滋病、癌症、糖尿病问题，这些过去标榜为全球性的问题，其实并不是对所有人都是问题，但新冠病毒让几乎所有人的生活都受到了影响，甚至发生了改变，比如，你要戴口罩了，你要洗手了，你的航班熔断了，你的城市静默了。我把当今的舆论场称为千年一遇的"单一共同变量舆论场"。这样一个共同的变量，使得舆论场更容易形成共识，也更容易制造分歧。以前，我们会被不同的问题分割成不同的群落后再开始分歧，现在我们是在同一个问题上，在舆论场彼此分歧。

所以，没有一种舆情，比疫情的舆论分歧更大，比疫情的舆论能量更强。过去，我们对许多舆论事件，绝大多数抱以同情，因为我们不身在其中，比如，城里人看到农村的贫穷，舆论只是表达同情。现在，我们对疫情，则完全是共情，因为我们无一例外被卷入其中，不是人同此心或感同身受，而是我们就是当事人，我们就在身受。

疫情的舆论特别具有传染性，就像病毒的传播具有传染性一样。过去的舆情，常常是所有人围观一条河或一片湖，现在的舆情很容易汇成一片海。特别要提醒的是，面对目前"非常态"的舆论场，最好用的舆论分析工具、解释工具与实战工具，就是"恐惧传播"与"信任传播"。

高明勇：从新闻报道的案例看，不少地方政府官员和企业公关部门在舆情面前显得"本领恐慌"，您认为核心问题在哪？

邹振东：核心问题在于不懂，"不懂"不是不懂具体的应对，而是不懂舆论世界的规律。因为不懂，所以恐慌。因为恐慌，就不敢动，或者乱动，而不动或乱动会造成更猛烈的舆情，因此更加恐慌。舆情过后，就病急乱投医，搞各种急功近利的舆情培训和演练，但每一次舆情来了又有新变化，先前培训和演练的东西没有用，甚至有反效果，结果再一次出错，再一次恐慌，如此恶性循环。

高明勇：从应对方法上说，政府应对和企业应对，二者有显著区别吗？

邹振东： 政府和企业在同一个舆论世界，遵循同一个舆论规律，应对方法没有显著的区别，但应对工具和应对策略有显著的区别。比如，同样面对妖魔化，其背后妖魔化的传播机制是一样的，去妖魔化的应对方法也一样。但具体的工具和策略，政府被妖魔化和企业被妖魔化，运用起来就有很大不同。

高明勇： 您认为舆情监测有必要吗？是否让舆论场进一步"复杂"？

邹振东： 舆情监测当然有必要，好的一面说明政府和企业高度重视舆情和民意。但舆情监测存在两个问题：一是监测了仍然无法预判，二是预判了不知"舆论的石头"在哪里（参见弱传播舆论的石头理论），结果自然就是不懂得如何应对。加上舆情监测机构鱼龙混杂，浑水摸鱼当然会让舆论场进一步"复杂"。

高明勇： 您在书中有提到"所有的成功都离不开传播"，有网友认为有点武断，说"如果用数字衡量成功，传播就是 1 后面的那些 0，如果没有前面那个 1，再多的 0 也毫无意义"，对此您作何回应？

邹振东：这里有两个既特别流行又占据道德制高点的观念需要辨明。

一个观念是"只做不说"。人们没有意识到，"做"就是一种传播，更没有意识到"不说"也是一种传播。所以我说表达的沉默与沉默的表达是不同的。沉默的传播，就像休止符，就像省略号，就像"此处删除 23 个字"，难道它们不是在传播吗？桃李不言，下自成蹊，就是一种传播。"桃李"没有说，但用"做"进行了传播，如果桃李不开花不结果，它还会下自成蹊吗？如果一棵树看起来也"做"了，但它开的花不美，结的果不香，它不可能下自成蹊。所以单纯的"做"不行，要用传播思维和传播效果去"做"才行，让自己的"花果"（做）变成可以传播的"花果"（做）。当你夸一个人老实巴交、不会说话却对人真诚，当你推崇一个学者远离名利、坐冷板凳、不接受任何采访，你得到的印象，不都是他传播给你的吗？如果没有这种传播，甚至是反传播，你还会夸赞或推崇他吗？没有传播这个"1"，就没有后面这些"0"。在量子力学中，测量过程本身对系统造成影响。甚至可以极端地表述为："测量就是一切。在量子层面上，如果你不去观测的话，'真实'就不存在。"在弱传播理论看来，你观察到的，就是它传播给你的。而你的观察，也改变了它的传播。

另一个观念是"先做后说"。我常常举《圣经》的例子，它这样写道："神说，要有光，就有了光。"可见上帝不仅爱说，而且"先说后做"。你要先说你会是一个好总统，人家才会选你做总统；你要先说服女生你会是一个好丈夫，你才能当丈夫；你要先说服政府、合伙人、银行、员工和消费者，你才能办得了企业、卖得出产品，所以要"先说后做"。

高明勇： 朋友圈里大家都称您是"网红教授"，您如何看这个说法？是自觉运用弱传播理论来实践吗？

邹振东： 意外之物。最初非常抗拒，因为加上一个定语，往往就打了折扣。比如，收视率第一就好，加上一个同时段收视率第一，就不咋地。教授就好，加上一个"网红"，说明这个教授不咋地。但舆论场两个

"千"特别有难以抗拒的力量，一个是"千万人"，一个是"千百年"。当千万人都叫你"网红教授"，你无法一一说服之，你只能选择投降。

但其实我是一个伪网红，网红与伪网红的区别有两个指征，一个指征是你有没有变现，我在网上几亿的播放量却没有赚到一分钱，有时候我要看自己的视频还要被迫看他们家的广告，就像打"羊了个羊"那个游戏一样。另一个指征是你有没有表情包，虽然我有几亿的播放量，但没有流行一个表情包。所以我就是一个伪网红，我没有预料到自己会成为所谓的"网红教授"，一个证据就是如果我当时想做全国的网红，我就不会在毕业致辞的 2542 个字里，用了 12 次"厦门大学"、 7 次"厦大"。因为如果要做全国的传播，把目标受众定为全国的话，理论上就应该减少甚至不用"厦门大学"这个限制受众范围的称呼。但事实证明，你越是在乎你具体的传播对象，你恰恰能得到更广范围的传播。我做毕业典礼致辞诉求非常简单：不能对学生讲套话、讲假话、讲"正确的废话"；不能让他们觉得无聊，盼着你早点下去；不能浪费学生那么多时间，却不能记住一句话。我是这样做毕业致辞的，也是这样上每一堂课的。当然事后我分析自己的毕业致辞，还是发现了不少传播基因和密码——也许这就是您所说的自觉在用"弱传播"吧。

高明勇： 在不少城市，尤其是省会城市都在强调提升城市首位度，提升城市软实力，您认为问题的根源在哪？结合"弱传播"理论，您会提出一个什么样的传播策略？

邹振东： 我在《弱传播》书中提到过一个"出列"理论，意思是在舆论场你要引起别人的特别关注，你就必须"向前三步走"，从队列中走出来。我想省会城市之所以要追求首位度，就是在向前三步走。这既有实际的考量，也有传播的需求。其实对一个省会城市而言，不一定要靠首位度才能"出列"。

我介绍了一个非常好的传播工具，那就是"单车理论"。这个理论来自一个段子，美国总统新闻发言人宣布："昨天我们枪杀了 3000 个伊拉克人和 1 个骑单车的人。"所有的记者最关心的问题都是："那个骑单车的人是谁?"这是一个经典的寓言式的案例。从实际层面出发,最重要的当然是被枪杀的 3000 个伊拉克人,这可是 3000 个生命呀!但为什么媒体与舆论忽略了 3000 个生命,而把关注点落在 1 个生命(骑单车的人)上呢?舆论运动的区隔律告诉我们:舆论关注的运动方向绝不是一个队伍,而是这个队伍"出列"(区隔)的人。骑单车的那个人就是从 3001 个被枪杀者队伍中,向前三步走"出列"的人,让所有的目光都集中在他身上。所以无论是省会城市还是其他城市,最好的城市传播策略就是运用单车理论做一个组合传播就好了,把别的所有城市在舆论中变成 3000 个伊拉克人,而你骑着单车出来,这样你就会成为万众瞩目的"骑单车的人"。特别要说明的是,对于一座城市,并不是只有首位度才可以"骑单车",任何一个与众不同的要素,都可以让你传播成"骑单车的人"。

尹文汉

九华山文化研究中心主任

九华山与名士相互成全，

靠山怎么"吃山"？

在文旅市场逐渐升温、城市排名争先恐后的当下，名山、名士、名城中，拥有"一名"，足以扬名，"三名"齐聚，更非易事。

有的更多成就了"名城"，比如南京，过往名士如流，城内外名山不少，都成了这座城市的注脚；

有的更多成就了"名士"，比如苏轼，一生飘摇大江南北，足迹踏遍名山名城，所有过往，都附着在"东坡"文名之下；

有的更多成就了"名山"，比如九华山，尽管无论是登山"名士"如李白、王阳明，还是山脚下的"名城"池州，都可圈可点。

本期政邦茶座邀请到尹文汉教授，他策划点校了《九华山志》，听他聊聊名山、名士与名城的关系。

高明勇：是什么机缘，让您组织重新点校《九华山志》？

尹文汉：要成事，需得天时、地利、人和。说起点校《九华山志》，大致有三个方面的原因：现实的需要、工作的便利和个人的兴趣。

九华山是中国四大佛教名山之一，有深厚的历史文化底蕴。二十世纪八十年代，地方政府落实党和国家的宗教政策，拨乱反正，九华山开始重新恢复宗教活动，重建寺院，重新对外开放。很快被列入国家级风景名胜区，游人越来越多。为了满足人们对九华山认识和了解的需要，九华山有关方面先后两次组织专门人员编纂《九华山志》，1990 年和 2013 年出了两个版本。2013

年这个《九华山志》达到 100 万字，并配有彩图。这两个最新的版本，难免厚今薄古，今详而古略，更注重对近几十年九华山相关事迹的记录，而对古代数千年九华山的人文地理则挖掘不深。随着时间的推移，人们越来越多地想深入了解九华山，了解九华山的历史文化，很想阅读九华山的历史文献。

高明勇：这些文献以前应该也有公开出版吧？

尹文汉：历史上编撰的《九华山志》有多种，大多深藏在各地图书馆的古籍部，一般读者很难读到。清代康熙年间和民国时期编辑的《九华山志》有少量的影印本上市，一般读者也很难买到。因为没有点校，繁体竖排，没标点，买到了也难以阅读。因此，点校出一部古代编撰的、符合现代阅读习惯的简体横排的《九华山志》可以说是一种现实的需要。顺便说一句，由于人们读不到古代《九华山志》，对九华山的历史文化，难免出现道听途说、以讹传讹的现象，其错误甚至波及学术界。推出古代《九华山志》点校本，某种程度上可以起到正本清源的作用。

高明勇： 那工作的因素就更容易理解一些。

尹文汉： 是的。从工作的便利上来说， 21 世纪初，池州学院成立了九华山佛文化研究中心（2021 年更名为九华山文化研究中心），专门从事以九华山为中心的佛教文化研究。没有文献就没法做研究，搜集和整理九华山历史文献是该研究中心的基础工作。二十年来，我们已经搜集到很多九华山的历史文献资料，以"九华山志"为名的，明代有四种，清代有三种，民国有一种。还有与山志类似的文献如《九华纪胜》《九华指南》等。我们这次整理出来的是清代最后一个版本，周赟纂修的《九华山志》相对于其他几个版本来说，内容比较丰富全面，编撰思想比较客观。另外，九华山文化研究中心的研究人员来自池州学院各个院系，具有多个学科背景，不仅有文、史、哲等学科的老师参加，还有美术、音乐、教育、外国语、现代传媒等学科的老师参与。可以说，要整理点校《九华山志》，我们既有资料，又有人才。这次参与整理点校周赟《九华山志》的向叶平、方明霞两位老师都来自文学与传媒学院，具有中国古典文学的基础。

高明勇： 据我了解，您关注九华山的时间相当长了。

尹文汉： 就我个人来说，九华山是我一直关注的一个重点。 2001 年我就推动学校成立九华山佛文化研究中心， 2007 年学校升格为本科院校后，这个研究中心一直由我负责，现在成了我校成立最早、最具历史的少数几个科研机构之一。我也在九华山佛教文化方面做过一些课题，写过几十篇论文，对九华山的历史文献比较熟悉。在组织同事们研究九华山文化的过程中，历史文献是基础性的材料，绕不过去的。 2008 年我受王立新教授推荐，为"湖湘文库"点校过《斐然集·崇正辩》，有过点校古籍的经验。我们原计划搞一套九华山历史文献丛书，但限于人力和财力，最后先整理出版了这本光绪年间的《九华山志》。这本书出版之后，之前版本的《九华山志》就相对容易处理了，因为大部分资料都在这个本子里了。另外，像陈岩的《九华诗集》、陈蔚的《九华纪胜》等，我们研究中心已经安排人员在做整理和研究，等时机成熟就出版出来。

高明勇： 古人说，"山不在高，有仙则名"，"天下名山，必有天下名士以传之"，"名山聊借一官留"。这让我想起一句话，人能弘道，道亦弘人。我看《九华山志》中收录了不少名士的关联故事，比如李白、王阳明。您如何看待名山与名士的关系？

尹文汉： 名山与名士是相互成就的。名士的游览品题，成就了名山；名山的勒石题刻，记住了名士。名山、名士之"名"，不是指名字，而是指名声。名山，声名远播之山；名士，声名远播之士。名，从夕从口，名声要口口相传才会远播。山景再佳，也不会自己说话，需要名人品题，借名人之诗、名人之言宣传出去。古代没有今天如电视、报纸、网络这样发达的媒体，通过广告轰炸就可以很快达到家喻户晓的效果。古代名山的形成，名士在山中的活动及其留下的文章歌赋发挥的作用很大。唐代诗歌盛行，庞大的诗人群体深入各大山川，留墨题诗，成就了不少山川的盛名。读过李白的《望庐山瀑布》、苏东坡的《题西林壁》，我们就会记住庐山。李白"一生好入名山游"，李白以他的诗使很多的山，包括一些风景不佳、海拔也不高的山被世人所知而名扬天下。李白成就了众多名山，名山也记住了李白。

高明勇：这些名士对于九华山成为名山有哪些影响？

尹文汉：可以说，九华山能成为名山，名士发挥了非常大的作用，大诗人李白居功甚伟。"李白吟诗，阳明打坐"，这是在九华山流传甚广的一副对联。李白曾"五游秋浦，三上九华"，曾长期在这一带活动。今天的池州市包括贵池、青阳、东至、石台等县区，贵池在唐代李白来游的时候叫作秋浦郡，李白在这里写了很多诗，《秋浦歌》就有十七首，其中最为世人熟知的是这首："白发三千丈，缘愁似个长。不知明镜里，何处得秋霜。"九华山在青阳县境内，与贵池相邻。九华山在汉代名为陵阳山，李白来游时，它的名字叫"九子山"。李白觉得这个名字不好，又没有名贤题咏，因此与友人高霁、韦仲堪联句，为九子山改名，并撰序说明：

青阳县南，有九子山，山高数千丈，上有九峰如莲花。按图征名，无所依据。太史公南游，略而不书。事绝古老之口，复阙名贤之纪，虽灵仙往复，而赋咏罕闻。予乃削其旧号，加以九华之目。时访道江汉，憩于夏侯回之堂。开檐岸帻，坐眺松雪，因与二三子联句，传之将来。

妙有分二气，灵山开九华。（李白）

层标遏迟日，半壁明朝霞。（高霁）

积雪曜阴壑，飞流喷阳崖。（韦仲堪）

青莹玉树色，缥缈羽人家。（李白）

高明勇： 九华山这个名字是李白起的，估计很多人并不知道。

尹文汉： 九华山的名字是李白取的，李白这首诗被誉为九华山的"定名篇"。除此之外，李白还有一首《望九华赠青阳韦仲堪》："昔在九江上，遥望九华峰。天河挂绿水，秀出九芙蓉。我欲一挥手，谁人可相从？君为东道主，于此卧云松。"在这首诗中，诗题和诗作都用了"九华"二字，可见李白对这个名字的重视和喜爱。九华山也因李白的改名而名扬天下。

高明勇：您刚才提到"李白吟诗，阳明打坐"，王阳明和九华山的关系就偏于"公开化"了。

尹文汉：王阳明于弘治十四年冬至十五年春、正德十五年春两次上九华山，每次都"越月而去"，游览时间较长。清代周赟在编《九华山志》时说，在历代游山名人中，王阳明是游历九华山最详尽的人，所览无遗。我统计过王阳明在九华山写过的诗作，共有 62 件，包括赋、偈、赞、绝句、律诗、古风、歌谣，等等。光看他的《九华山赋》，就涉及九华山众多的山、峰、岭、涧等地名。王阳明两上九华山，在九华山形成了一股很大的风气，他广泛地与九华山的僧道交朋友，如地藏洞僧、蔡蓬头、周金和尚，也和当地儒子、政要交往，收了一批学生。他离开后，当地儒子、政要为他在九华山建立了阳明书院，而儒子们则在书院旁边建立精舍，相互研学。

高明勇： 刚才我们说名士对名山的影响，以王阳明为例，名山对名士有哪些影响？

尹文汉： 九华山的游历对王阳明很重要，第一次游历九华山之后回到浙江，他便仿照九华山地藏洞僧隐居洞中打坐的做法，筑室阳明洞中，行导引之术；第二次由于张忠、许泰等人欲加害于他，他被迫上九华山，每日在宴坐岩打坐。他直面舍身崖，向死而生。这次悟道，可以称之为"九华悟道"，不亚于贵州"龙场悟道"。"龙场悟道"，悟出知行合一。而这次"九华悟道"，悟出良知之学。他下山之后不久，就开始大讲致良知之学。王阳明使九华山成为一座儒学名山。九华山阳明书院与开山祖寺化城寺毗邻，并列而立。之后，湛若水也来九华山讲学，门人为他建立甘泉书院。

九华山能成为名山，确是通过一批名士的努力和贡献。佛门中的人物，主要是新罗僧人金地藏和明末四大高僧之一的蕅益智旭大师，一个是地藏道场形成的奠基人，一个是地藏道场形成的关键推动者。一前一后，遥相呼应。

高明勇：其实不少名山都与名城相得益彰，不过也有不少是名山的名声在外，城市本身并没有想象的那么出名，比如池州，有媒体报道说，在当今拼人口红利、争区位优势的年代，池州似乎没有任何现成的优势，虽然地处长江之滨，但经济发展一直处于安徽各地市的"尾部"，近两年才出现"龙摆尾"。都说靠山吃山，现在是靠山，没有怎么"吃山"，作为学者，又长期工作、生活在池州，有没有思考过为什么会出现这种情况？

尹文汉：现在人们谈论城市地位，都比较重视经济指标。经济发展好的城市，在今天比较容易出名，成为"名城"。如果从 GDP 来看，名山与名城未必相得益彰，有时甚至成了负相关。比如，安徽的名山中排名第一的肯定是黄山，"五岳归来不看山，黄山归来不看岳"，但黄山市的 GDP 在安徽十六个地级市里排名第十六名，而拥有九华山的池州则排名第十五名，倒数第二。湖南张家界这些年非常有名，美丽的风景使它很快名扬天下，但张家界市的 GDP 在湖南省的十四个地级市里排名第十四名，浙江普陀山所在的舟山市，其 GDP

在浙江省的十一个地级市里排名第十一名，都是最后一名。

高明勇：为什么会出现这种情况？

尹文汉："靠山吃山"的说法并没有错，关键是如何吃，能吃多少。之所以会出现有些毗邻名山的城市经济反而落后甚至排名倒数第一，是因为有名山的地方往往山多，地方偏僻，离大城市较远，交通落后，没有现代化的工业支撑，人口稀少。在工业化大潮中，这类城市自然跟不上时代步伐。但从长远来看，是有可能改变这种局面的。有大山的地方，往往自然环境优美，空气质量、水质量都很好，适合发展旅游业。当机场、高铁、高速公路逐渐进入，改变这些地方的交通状况，旅游业就能很快发展起来，带动当地经济的发展。

高明勇：就以池州与九华山的关系为例来谈谈？

尹文汉：就池州来讲，境内虽有九华山，但原来的交通条件非常不便。我1999年来池州工作的时候，这里没有铁路，没有高速，没有机场，只有一条国道，在过长江的时候，没有长江大桥，坐汽车还需要过轮渡。我第一次来池州，是从九江坐轮船过来的。导致目前池州经济落后的原因是多方面的，既有一些共同的因素，也有特别因素。池州在唐武德四年（621年）开始设置，州治在石城。唐永泰元年（765年）复立池州，隶属宣州观察使，州治从石城迁至今天这个地方，所以今天这座池州城也算得上是一座古老的城市。但是在新中国成立以后，池州专区经过几次设立和撤销，分分合合，直到1988年才稳定下来，2000年才撤地建市，下辖贵池区、东至县、青阳县和石台县。池州人口少，全市三县一区的人口总数才130多万，比不上有些大县的人口数，主城区的人口数量也上不来，这对经济发展也有影响。

高明勇：您的古体诗写得非常精彩，还担任过池州的诗社社长，在古代，这应该算池州名士了。池州历代多名士，旁边又有大江大山，是不是一个地方的文脉，必须具备这些因素？您怎么看名城与名山、名川、名士的关系？

尹文汉： 我在湘潭大学读书的时候开始创立诗社，是受了湘潭浓厚的诗词文化氛围的影响，可以说是受了"名城"的影响。大学毕业之后决定不再写诗，也不参与诗社活动，想集中精力到工作上来，到学术上来，就是王阳明说的不想在玩弄文辞中"簸弄精神"，王阳明还说过，"吾焉能以有限精神，为无用之虚文也？"但十年之后，我还是被池州诗词界的朋友邀请加入进来了。

重入诗词界的原因，就是想延续这里的诗脉。2009年，我和李望鸿、程志和二位先生一起创立杏花村诗社，宗旨就是以延续"千载诗人地"诗脉为己任。

池州被誉为"千载诗人地"，有深厚的诗词文化底蕴。陶渊明的"采菊东篱下，悠然见南山"，写的地方在池州东至县，当时属于彭泽，长江流经东至的那段，被称为菊江。大李（李白）小杜（杜牧）在池州留下了很多诗作。前面讲过，李白五游秋浦，五次来到池州，池州大地到处都是他的足迹，都有他留下的诗作。秋浦河是一条诗河，中国历史上最伟大的诗人李白在这里写下了系列诗作，《秋浦歌》就有十七首，这在全世界来看也是少有的。我曾带学生在池州、宣城等地寻找李白诗踪，寻找他诗中写到的地方。杜牧在池州担任了两年多的刺史，也留下了很多诗作，著名的有《清明》和《齐山九日登高》。杜牧游杏花村写下《清明》诗之后，历代文人墨客来杏花村游春吟春的人就很多，清代郎遂编了一本《杏花村志》进行详细记载，这本村志是收入《四库全书》的唯一一本村志。因为李白的一句"摇笔望白云，开帘当翠微"，杜牧便在齐山建翠微亭纪念，并与张祜在翠微亭举行重阳诗会，二人写诗相和，便有了杜牧这首《齐山九日登高》："江涵秋影雁初飞，与客携壶上翠微。尘世难逢开口笑，菊花须插满头归。但将酩酊酬佳节，不用登临恨落晖。古往今来只如此，牛山何必独沾衣？"也因此，齐山开始成为名山，进入文学史。齐山过去在池州城南五里，现在已在城市中心了。齐山是池州的文山，也是官山。过去，文人来池州，必登齐山，官员游池州，也必登齐山。翻开《齐山岩洞志》，我们会看到很多的诗词。例如岳飞的《登齐山翠微亭》："经年尘土满征衣，特特寻芳上翠微。好水好山看不足，马蹄催趁月明归。"宋代东南三贤朱熹、吕祖谦、张栻都来过，王安石、司马光都写过齐山的诗作。苏轼、苏辙兄弟都来过池州，并留有诗作。

高明勇：听您讲述这段"个人史"，颇有点"看山是山，看水是水；看山不是山，看水不是水；看山还是山，看水还是水"的意味。

尹文汉：说这么多，就是想从我个人角度来举例。我之所以后来重新回到诗词界，就是受这里名城、名山、名川的影响。看到这里的城、这里的山山水水，就会想起古人留下的诗作，就会想起在这里活动过的名士，这个大概就是文脉和诗脉，它总是在一代又一代人的心里激起波澜，让人们去继承，去延续。

一个地方的文脉，主要靠人来传承，靠名士来传承。如果抽去名士及其文章，这个地方就不存在文脉了。如果池州没有李白、杜牧等文人的活动及其诗作，池州也就不能称"千载诗人地"了。但名士的活动及其诗作，必须有一个地理上的载体，那就是山、川、城、村落，等等，这些地方成为名士活动的场所和吟咏的对象。那些名士集中活动或吟咏的地方，就会成为名山、名川、名城。而名山、名川、名城又会吸引更多的名士前来。杏花村、齐山都是因为杜牧题诗之后，历代名士便接踵而来，吟诗作赋，更加增添这里的文化厚度。九华山因为李白改名之后而名气大增，后继者络绎不绝，不计其数。

高明勇： 您怎么看名山与名城的关系？

尹文汉： 名山与名城应该相互促进，相得益彰。在工业化时代，那些拥有名山而地处偏远的名城，无法通过发展工业与其他城市竞争，这是它们的弱项。它们应该发挥自己的优势，利用名山的优质自然资源和人文资源，大力发展旅游业和康养产业。

2014 年 2 月，经国务院同意，《皖南国际文化旅游示范区建设发展规划纲要》颁布实施，提出将该区打造成世界一流旅游目的地，为美丽中国建设提供示范。2022 年 2 月，安徽省发展与改革委员会印发了《皖南国际文化旅游示范区"十四五"建设发展规划》，提出到2025 年，将皖南国际文化旅游示范区打造成生态型国际化世界级休闲度假旅游目的地、全球生态文明发展高地、中国文化和旅游深度融合发展样板地，彰显皖南国际文化旅游示范区的"国际范儿"。这个示范区建设值得我们关注，很有示范意义。皖南国际文化旅游示范区规划范围包括黄山、池州、宣城、马鞍山、芜湖、铜陵、安庆等7市，共45个县（市、区），面积5.7万平方公里，常住人口1646.1万人，其核心是两山（黄山、九华山）一湖（太平湖），池州、黄山是皖南国际文化旅游示范区的核心区域。这些年，池州、黄山等地旅游业的发展取得了很大进步。首先表现在交通方面的进步，现在池州的机场、高铁、高速公路、豪华游轮都有了，已经实现了水、陆、空交通全覆盖。近年来池州经济一直保持10%左右的增速，2021年人均GDP在安徽省十六个地级市里排名第六，相信随着示范区建设的推进，皖南这些城市的发展会越来越好。

高明勇： 回到您的治学上来，我知道您跟韦政通先生有很深的渊源，受他启发深研儒家伦理的创造性转化。您认为"自明以来，《九华山志》之修撰，皆儒者主其事，山志之修，皆以儒家精神为指导"。如何看待这种儒佛之间的互动？您点校山志，是否也深受前人的感发？

尹文汉：我跟韦先生有二十年的交往，受先生的恩泽和教诲很多。我研究的领域主要集中在儒家文化与佛教文化两个方面，都有一些了解，也写过一些书，您说的《儒家伦理的创造性转化》这本书，就是我专门研究韦先生伦理思想的书，是我写的第一本书。我们讲中国传统文化主要是儒、释、道三家，儒家确实是主干，是主流，表现在《九华山志》的修撰上，也是如此。《九华山志》历史上有十多种，有一些已经遗佚。现存的《九华山志》明代有四个版本，清代有三个版本，民国有一个版本，当代有两个版本。明清的七个版本，都是官修本，都是地方行政长官主导，请专人负责修撰。例如明代第一个版本是嘉靖年间江南巡抚陈凤梧督修、池州知府韩楷参校、铜陵教谕王一槐编辑的。我们点校的光绪版是青阳知县谢维喈重修、青阳训导周赟纂修的，是明清时期修撰的最后一个版本。

虽然明清以来，中国文化的发展表现出三教合一的趋势，但在主流上还是儒家，程朱理学成为明清时期的国家意识形态。这就决定了官方修志的主导思想，必定是儒家精神。九华山在明末清初被佛门认定为地藏菩萨道场，民间也广泛认同金地藏是地藏菩萨的应化身。但明清时期官方修《九华山志》，始终把金地藏作为僧人看待，而不是作为菩萨看待。关于金地藏的种种神话，要么不写，要么尽量轻描淡写。这就是儒家"子不语怪、力、乱、神"的思想表现。在人物志方面，也是先写儒士，再写道释。到了民国的《九华山志》，风向完全改观，印光大师主导、比丘德森编撰的《九华山志》，完全站在佛教的立场，一切以地藏菩萨为中心、以九华山为地藏菩萨道场来写。

在中国文化史上，儒佛的互动是一个大课题。二者之间，存在不同层面的斗争，也存在不同层面的相互学习、相互借鉴和吸收，在互动中成长和发展。例如禅宗吸取了儒家思想文化，宋明理学又吸取了禅宗、华严宗的思想文化。所以，佛中有儒，儒中有佛。正是儒、释、道三教之间的长期互动，使中国文化具有包容性，在近代以来，我们也能很好地向西方学习，借鉴人类文明的优秀成果。

我们点校光绪版《九华山志》，并不是因为特殊的偏好。从明清时期的七种《九华山志》来看，这是最后一本，相对来说，它的内容最全面，比它早的版本的内容，它大多吸收进来了。而民国时期的《九华山志》，虽然仍是繁体竖排，毕竟有了标点，断了句，相对来说比较好读，点校的紧迫性没那么强。

高明勇：您说"志九华者，代有其人，而以明、清两代为盛"，原因在哪？

尹文汉：我国修方志的传统古已有之，《吴越春秋》《越绝书》和《华阳国志》可以看作方志编纂的早期形式。唐宋时期编的方志已经很多。九华山在唐宋时期已经出现了一些类似志书的作品，如唐代康骈的《九华杂编》、释应物的《九华杂记》、宋代周必大的《九华山录》、滕子京的《九华新录》、沈立的《九华总录》，等等。这些书不是严格意义上的志书，而且大多已佚，只有个别内容被收录到了其他著作之中。

明清两代所修《九华山志》有十多种，之所以如此兴盛，既有大的文化背景，也有九华山自身的原因。从大的文化背景来看，明清两代统治者重视修志。由于科举选官制度和规避籍贯的原因，新任的地方官员大多来自外地，对其治下的山川风物、胜迹祠祀、道里兵防、钱粮赋役、名宦士女、文章辞颂等不了解，为了尽快让他们熟悉地方情况，编写方志就很有意义。这就解释了为什么地方志大都是由官府来修撰。另外，明朝永乐十年还制定了《修志凡例》，对志书类目的名称和内容都做了详细的规定，这使修志更加规范。我们看到唐宋时期关于九华山的专书，名称都是"记""录""新录""总录""杂编"之类，而明清时期都改成标准的"志"了。

从九华山自身的原因来看，是因为九华山在明清时期的地位迅速提升。万历、崇祯、康熙、乾隆等朝，朝廷或是给九华山颁经赐银，或是御笔题词，派人进香朝拜，极大地提升了九华山的政治地位，地方官员自然也就高度重视。从民间来说，佛教方面，明清时期正是九华山跻身中国佛教四大名山之列的时期，正是这一时期，九华山被认定为地藏菩萨道场，"香火之盛，甲于天下"。在儒家方面，由于王阳明、湛若水等人的到来，并在山中建阳明书院、甘泉书院，也使九华山拥有了传播儒家文化场所的特殊身份。地方官员每年都要上山去祭祀王阳明和湛若水两位大儒，把阳明书院改成阳明祠作为祭祀的场所，甚至在县治或州治新建阳明祠以便祭奠。我们看到，万历皇帝两次给九华山颁经赐银，万历年间就两次修撰《九华山志》，由此一例便可见政治对修志的影响力。

高明勇：最近这些年，我注意到您与九华山大觉寺住持宗学法师合作举办过很多文化活动，反响很大，2019 年还在九华山重新树起了"阳明书院"的牌子。这一系列事情，是否有很明确的目标？能否介绍下你们的成果和未来的愿景？今年是王阳明诞辰 550 周年，你们有什么打算？

尹文汉：是的。这些年我们在踏踏实实地做一些文化活动。目前来看，效果还好，得到了不少人的肯定。文化需要传承，九华山丰厚的文化底蕴，需要有人来挖掘整理，创造转化，为当代中华文化的复兴和发展奉献力量。

　　九华山是一座拥有儒、释、道三家文化的文化名山。道教在九华山传播的时间最长，比佛教还要早，但现在已经没有传播了。阳明书院是九华山儒家文化的一个象征，从王阳明 1501 年第一次上九华山，距今也有 500 多年了，很高兴我们又把"阳明书院"的牌子树起来了。我们的目标就是希望激活九华山的文化，让优秀的传统文化资源活起来，用韦政通教授的话说，就是要"活化传统"。中华民族的复兴，必定是文化的复兴。四个自信，根本上需要文化自信。活化传统，既是理论上的，也是行为上的，用王阳明的话说就是知行合一，要做到二轮并转。我们这些年开展的一些文化活动，例如组织召开了两次中韩南泉普愿禅学研讨会，召开"禅与中华文化——九华山公益论坛"，还有"南泉问禅——中法文化交流活动"等一些国际性的文化活动，主要还是理论层面的交流和探索，还只是一个开始，路还很长，得一步一步来。这些活动的理论成果，目前也在整理出版，《独超物外：中韩南泉禅学研讨会论文集》《禅与中华文化：九华山公益论坛文集》两本书已于 2023 年面世。

2022 年是王阳明诞辰 550 周年，是一个很值得纪念的年份。 2019 年阳明书院揭牌时就计划了几个活动，例如举办中日韩阳明学论坛、王阳明手书碑刻拓片展等，因为疫情原因一再推迟，只能边走边看了。目前在做的还有注解《王阳明九华诗册》一书。

黄西蒙

青年作家，
资深媒体人

更关心"北漂"类标签

遮蔽下的人的尊严

　　疫情及其防控，影响的不仅是作为本地人的城里人和农村人，还有很多奔波于二者之间的"漂泊者"。近几年，关于"北漂"的话题，充斥着"遭遇危机""逃离"等关键词。青年作者黄西蒙的《北京流光》试图通过"北漂青年故事集"来勾勒一幅"浮世绘"。

　　本期政邦茶座邀请他聊一聊，如何看待近些年的"北漂"群体。

高明勇： 我的印象里，你一直是个爱读书的评论员，什么原因促使你去写这部"北漂青年故事集"？

黄西蒙：《北京流光》这部作品的诞生，前前后后经过了一个比较漫长与复杂的过程。 2015 年，我告别校园生活，进入媒体工作，对于北京的生活，渐渐有了深入的感受。我最喜欢的还是读书和写作，我希望能将所读所思与社会现实结合起来，不论是做媒体编辑、评论员，还是继续做研究工作，我都希望通过文字来书写社会，映照现实。当时我还很年轻，是相当有理想主义情怀的，脑子里想的都是"铁肩担道义，妙手著文章"，对文字也好，对未来也罢，都充满了热情。由于我比较喜欢契诃夫、巴尔扎克等作家，因此提起笔来，很自然地就走了现实主义的写作路子。更重要的是，当我真正尝到现实生活的锤击后，就对形形色色的人物有了更深刻的认识。

正如王国维先生在《浣溪沙》一词中所言，"偶开天眼觑红尘，可怜身是眼中人"，我渐渐意识到，"自我"与"他者"本身并无遥远的距离，我们都是被卷入这场宏大叙事的小人物。因此，我想创作一个以北京现代性叙事为主线的作品，但不会将笔墨落在对任何宏大事物的描述上，而是要去书写各种小人物的现实处境，或是孤独苦闷的求索者，或是背负着现实压力的漂泊者，或是在社会夹层中挣扎的零余者。这些角色，以及他们的故事，往往是被社会主流话语所忽视的，但其中的人生并非没有色彩，应当被记录下来。

高明勇：这些故事里有多少你自己的影子？

黄西蒙：我也不只是在写别人的故事，也是在写我自己，虽然书中的故事，没有一个完全是我的个人经历，但当我虚构这些内容的时候，创作书中人物的时候，自然也有我的人格与情感的投影。只是对于这些透射的景象，我的态度未必是肯定的，反而经常是批判式的，这也是将自我客体化与反思之后的结果。

既然决定要写一部跟北京的年轻人有关的作品，选择合适的体裁就尤为关键了，比起当时很火的非虚构写作，以及不温不火的纪实文学，我更倾向于虚构写作，带有现实关怀的小说创作。虽然现实主义小说的写法看似"老套"，但好的作品，尤其是"直逼当下"的现实主义创作，却远不及人们的预期。我当时有个想法，纯文学的圈子与民众的阅读趣味，本身不应该有多少鸿沟，打破圈层壁垒，在纯文学创作中折射个人趣味与社会现实，应当是有意思且有意义的事情。就这样，经过几年的构思和准备，我从 2018 年正式开始创作《北京流光》，并在"豆瓣阅读"平台上连载，大多内容在2019 年年底就基本完成了，后来这部作品有幸被译林出版社看中，便有了我这本小说处女作。

高明勇：为什么用"北京流光"这个书名，有没有特殊的含义？

黄西蒙：我最初在豆瓣上发表《北京流光》时，书名是《一百种北京》，是真的打算写一百章，但我渐渐发现这是个浩大的工程，便产生了创作"三部曲"的想法。《北京流光》正是第一部，"流光"有青春光阴流逝之义，也有城市流光溢彩之感，是具象表达，也是现实隐喻。

出于篇幅、题材等因素，2022 年 11 月出版的纸质版《北京流光》是豆瓣电子版的删减版，大概删掉了三分之一的内容。至于本书的副标题"北漂青年故事集"，实际上是在出版前夕才定下来的，大概是出于精准描述与市场定位的考虑吧，尽管我认为本书内容并非只写了北漂青年，而是城市叙事的"浮世绘"。从文本接受的解读看，一些读者误以为本书是非虚构或纪实文学，作家想象和虚构出来的东西竟然让读者觉得十分真实，这大概也是一种有趣的迷思吧。

高明勇：媒体评论员的敏感意识和问题意识，对你的文学创作影响大吗？

黄西蒙：应当说，媒体工作的训练对我的文学创作还是有一些影响的。我跟朋友交流时，也不止一次说到这点：时评写作虽然与学术研究、文学创作的思维方式很不一样，但它可以很好地提升写作者的问题意识、逻辑感与简洁准确的表达能力。这三点，咱们可以分别细细地聊。

写小说尤其是现实主义小说，当然需要很好的问题意识。当写作者面对纷繁复杂的世事时，能否敏锐地捕捉到关键要素，可谓至关重要。尤其是对世道人情的敏感，也考验着作家的功力。

其实，现在我们一点都不缺乏写作素材，处于现代化转型期的中国社会，就是个社会学研究、媒体观察的富矿，引人入胜的故事和复杂多样的人物，可谓俯拾皆是。但问题的关键在于，这些素材并不能直接拿来用，需要进行筛选与辨别：哪些是重复的、无趣的，甚至是被某些话语刻意制造的"伪命题"与"假真实"，而哪些才是真正可以被转化成文学的好素材——对此有清晰的认识，绝不是一件容易的事。

高明勇：这些有哪些具体体现吗？

黄西蒙：我在创作《北京流光》时，确实也经历了这样一个思考问题、发现问题的过程，我一边探索着写作的路径，一边反思自己的创作，并进行相应的调整。与北京、北漂有关的元素非常多，比如买房、租房、相亲、考研、就业话题，还有各种形式的阶层差异、性别偏见、观念冲突，等等，但不能不加筛选地都拿来用，更不能搞成"大杂烩"。将素材进行文学转化，就需要很好的"逻辑感"与简洁、准确的表达能力，而这同样是时评写作者所需要和能提高的地方。

高明勇：有不少读者，包括一些写作者有个认知误区，认为文学作品不需要"逻辑感"，你怎么看？

黄西蒙：是的，说到"逻辑感"，可能有人会不太理解，写小说自然需要感性思维和同理心，难道还需要逻辑能力吗？事实上，写小说同样考验作家谋篇布局的能力，如同在战场上排兵布阵的将军，要能撒豆成兵，而不是胡乱指挥，否则笔下的故事就会走形，人物会走样，最终造成叙事的崩塌，那些读者读起来一头雾水和"烂尾"的作品，往往就是写作者逻辑感缺失的结果。我在创作《北京流光》时，就比较留心逻辑框架的真实与清晰，并对那些有悖现实逻辑或文学叙事的地方进行校正。

基于此，我便拟定了一个清晰的叙事结构：每篇最后登场的人物，是下一章故事的角色，由此循环往复。每个人都是故事的主角，每个人也都是故事的旁观者，我们在北京互不熟悉，却又彼此相关——不同个体之间的命运相互关联，但个体又是十分孤独的，这也是现代性的症候之一。

高明勇：我看你一直在说自己的现实主义风格，在写法上有什么特别的吗？

黄西蒙：简洁、准确的表达，也是现实主义小说写作所需要的。但仅从文风上说，我过去受茨威格的绵延风格的影响更大，意象丰富，长句颇多，甚至常用缠绕句式，但从汉语写作的维度来看，小说创作中过度的欧化语体，还是要有所克制。好在时评写作经验，让我的表达变得更加简洁、清晰，尤其是对于细节的精准描述——能用一个准确的词来表达，就无须替换成其他模糊的概念。

另外，很值得一提的是，小说创作与评论写作的思维方式差异很大，写小说时，需要尽量避免"评论腔"。善于对一些事物发表看法，是时评作者的优点，但写小说时，要压抑这种评论意识，尤其是论断、定性的冲动。学者思维、评论思维强大的作者，在写小说时需要格外留心这点。

高明勇：在"时评体"和"文学体"之间切换，有没有不适应的地方？

黄西蒙：因为我过去的写作经验，多以研究思维为主，真正开启小说写作后，就出现了一个创作思维转变的过程。要让笔下的人物去讲话，去行动，而作者站在一个评判者的姿态去描述、点评，甚至是主题先行，则是写小说的大忌。我在创作之初，上述观念还不是很清晰，幸好随着写作的深入，我渐渐意识到这些问题，找到了写小说的感觉，并全身心地享受这个创作的过程。

高明勇：你说这些故事是虚构的，但也是"真实"

的。是用"虚构的手法"去写"非虚构的故事"，为什么没有选择"非虚构写作"？

黄西蒙： 这背后其实有一个相当尖锐的问题，我其实从创作之初就在不断问自己，如今书写现实问题的优秀的社会学著作很多，新闻作品尤其是非虚构写作的精彩作品也很多，甚至很多 B 站 UP 主、短视频创作者也在展现丰富的生活，如果仅仅是为了呈现或批判现实，还需要小说吗？我想，我之所以选择小说创作，首先是对纯文学还是有点执念的，希望能在这个领域长期耕耘。更重要的是，纯文学还是不可替代的——对于人物非必然命运的关心，对于精神世界的个人探索，都是社会学与新闻写作往往涉及不到的地方，但这些正是小说家的着力之处。

即便是再精确的计算，也无法预料规律与公式之外的不确定性，而在我们的生活中，其实无法预知、难以捉摸、含混不清的东西，才是最常见的。真实的人生没有绝对的黑白，更没有一成不变的事物，不断波动、冲突的现实元素充满了戏剧性，这也是我在小说中力求展现的东西。如果说这是横向层面的文学事物，那么在纵向上，书写深邃的心灵秘境也是我着墨颇多之处。在《北京流光》里，有大段的心理描写，意识流、隐喻等现代主义技法也不时出现，甚至《亦庄小夜曲》这篇，多数内容都在写一个空巢女青年独居时的自由联想，读者可以浸润在心灵独语与纵深探索的世界里，从而获得迥异的阅读体验，这也是小说创作的价值所在。

高明勇：疫情对你的创作影响大吗？

黄西蒙：疫情之后的世界，对我现在的创作有一定影响，但因为《北京流光》基本上在 2019 年年底之前就完成了，所以疫情对这本书的内容，没有任何影响。只是我现在也在不断写新的小说，自然难以脱离自身所处的时代背景。

高明勇：我看你说"历时五年零距离观察"，如果在这三年开始写，这些"北漂青年故事""北漂浮世绘"会不会是另外一种样子？

黄西蒙：如果在这三年开始写《北京流光》，书中故事可能会不太一样，但本质上并无不同。我认为疫情前后的社会心态虽然大有不同，但内核并没有改变，只是一些矛盾更加显现，《北京流光》里讲到的一些人的焦虑也好，苦闷也罢，在今天依然如此，只是更多人有了体验与共鸣而已。比如，书中《未名湖畔的边缘人》这篇，讲的是几名考研学子的故事，故事背景设定在2015年前后，当时考研形势之严峻，远不及今天。与之相关的复杂情感体验，自然也有所不同。如果说这样的故事在我创作的时候，还只能让一小部分读者产生共鸣，但在今天可以引起很多人的同感。与之相反，还有一些我曾经认为很有意思的故事，比如年轻人买房，在今天却未必能引起共鸣——不少人选择了"躺平"，干脆不买房了，过去那种为了梦想而奋斗的话语，一度是牢不可破的，但在今天受到很多年轻人的调侃。在"内卷"之后的"躺平"与"逃离"，反而是更真实的社会心态。

高明勇：你如何看待现实素材与文学表达的关系？

黄西蒙：以上种种，都说明一个很关键的问题：文学创作如果完全与社会现实亦步亦趋，把小说仅仅当成呈现现实的镜子，那么它就难免具备时代局限性。那种与现实贴得太紧的小说，自然可能博得一时的喧哗，却也可能是速朽的。一旦时过境迁，读者就不会再感兴趣了。但是，完全远离现实，沉浸在想象的海洋里，固然是一种有特色的文学风格，但我还是希望能在《北京流光》中书写现实，就不得不采取一种折中的办法：既要贴着现实逻辑写，但在选题与写法上，又不能完全被现实元素带着走，就像前面说到的，作家要对现实元素有所筛选与取舍。

《北京流光》有一条贯穿全书的时间线索，这是我从创作之初就设定好的，但这条线索多数时间是掩藏在文本之下的，只会偶尔在某些细节上露头，暗示读者，故事大概到了哪个时间段。比如，在《未名湖畔的边缘人》这篇中，通过吴梦学这个人物的日记，我提醒读者，这是何年何月。而在《风起成府路》这篇，我则通过人物看到的手机新闻，告诉读者当天的新闻——韩国前总统金泳三去世。读者可以凭此得知，这个故事的发生时间。这看似是闲笔，实际上是我的有意设置，但不会写得很明显。诸如此类的细节，在书中还有很多很多，留待有心的读者去挖掘。

高明勇：你刚才说《北京流光》是你的"三部曲"之一？

黄西蒙：我有一个庞大的创作计划，如前所说，《北京流光》只是《一百种北京》的第一部，第二部《北京孤月》，我正在创作中。我想通过"三部曲"来展开长达十年的北京叙事，《北京流光》讲述的是2014年年底到2017年年底的故事。我现在创作的《北京孤月》《寂城怪人》等长篇小说，或许能让读者看到与《北京流光》很不同的"浮世绘"了。

高明勇：疫情下很多快递员、美团骑手、滴滴司机的北漂故事同样很丰富，有没有计划去写他们？

黄西蒙：在接下来的写作里，这些角色与故事应该会出现。但还是那个老问题，在很多非虚构写作已经涉足这些群体的情况下，作家需要找到更好的切口，更有文学意味的写法。书写普通人的故事，或者发出一些慨叹，做一些社会学层面的分析，这些还不是很难。最有挑战性的是，如何将现实素材与文学经验结合起来，以更新锐、更有创造性的文学表达方式，将那些看似寻常的事物写出来。在这方面，我也在不断思考，慢慢探索。

高明勇：对文学艺术创作来说，"漂泊"是个永恒的主题。"北漂"叙事方面，如学者项飚的《跨越边界的社区：北京"浙江村"的生活史》，学者廉思的《蚁族——大学毕业生聚居村实录》等；"北漂"音乐方面，如歌手汪峰的《北京、北京》，歌手汤潮的《漂在北京》等。在陈平原老师的《"五方杂处"说北京》中，专门提出"作为文学想象的北京"，几十年前还提出了"北京学"。不知道你写《北京流光》的时候，有没关注过这个问题？这些作品对你有影响吗？

黄西蒙：自然是有所关注的，尤其是学者的社会学研究，其实比大多数小说家的随感、漫谈更加精准到位。不论是社会学还是文学层面的"北京"，大概都有"传统北京"（或者说"老北京"）与"北漂"两种叙事类型，但这只是笼统的分类。我并没有从作为一种"地方性知识"的北京来开启写作，一些具有北京民间特质的元素，在"北漂"或者说"外省青年"的视域下，反而充满了异质性的色彩。比如，《北京流光》中讲述的中山公园相亲者的故事，"北漂"置于一个带有"老北京"色彩的地理空间中，人物并没有与环境融为一体，反而在阶层观念差异之下，造成了观念分歧，当然，在文学层面上，这就是戏剧冲突。

我在《北京流光》中，有意或无意地设置了不少这样的叙事。这样做，一方面，是为了增强文本的可读性，另一方面，也是希望消弭"北漂"这类标签性很强、过于单一的概念，进而让文本置于现代性叙事的逻辑中，而不是让一些强势的社会学话语遮盖了文本呈现的复杂性与可解读空间。如此一来，即便是不在北京的、没有漂泊经历的读者，也能从《北京流光》中获得必要的精神体验。我们不要把《北京流光》狭义化地理解成一部简单描写北漂青年的小说，或许从现代性叙事的维度来看，它的可读性与趣味性反而会更强。

高明勇： 我对历史地理学比较感兴趣，看到书里的地名就比较敏感，既有畅春园、未名湖、成府路，也有三里屯、望京、天通苑、亦庄、燕郊，即便生活在北京，很多人估计都不一定全去过，所有这些地方你都生活过或去过吗，还是从新闻或身边人那里了解？

黄西蒙： 很高兴看到你也对历史地理学有兴趣，我从小就是地图迷，也喜欢收集老地图，研究历史地图。现在有了电子地图，我在闲暇之时，就会随便看，寻找各种有趣的地点，脑中构想着各种公交路线、行程攻略。

我在《北京流光》里写了一个故事，叫《望京路口的指路人》，里面就有一个小地图迷的角色，他可以对几十年前的北京公交路线倒背如流，对现在的北京地图更是了如指掌。书中有段情节，他跟别人聊到望京地区过去的公交路线，为了确保故事的真实感，我专门买了几本旧地图册，尽可能对细节做到考究、真实。

这其实是我写小说的一个特点：背景与框架是真实的，确实是在北京，地名也是真实的，读者可以按图索骥，找到《北京流光》书中故事的时空背景。但在这层真实之下，在情节、人物形象上，却又是虚构的，根本没有真正的现实原型，纯粹是我想象的产物，但再往下一层，到了人物对话、叙事的诸多细节信息中，却又是高度写实、务求精准的。

高明勇：这个算是你的创新吗？

黄西蒙：这种"两实夹一虚"的创作思路，是我在写作中渐渐清晰的。通过咱们的对谈，我也顺便复盘创作过程。从创作之初，我有一个模模糊糊的思路，大方向是没问题的，但具体怎么写，会写成什么样，就只能靠步步摸索了。不可能从一开始就按照一个什么理论去指引创作。真正动笔写的时候，主要靠的还是灵感和直觉，写就行了。等写完了，评论家也好，自己也罢，会做一些理论分析或创作谈，但这跟创作时是完全不同的精神状态和思维方式。

你上面提到的《北京流光》里的诸多地名，也就是故事的发生地点，都是我去过的，也有不少，是非常熟悉的，如成府路、五道口、三里屯等。既然要书写与之相关的故事，自然是越熟悉越好，这样才显得真实。其实，并不是我在刻意选择这些地点，而是它们很自然地就出现在我的脑海中，这也是我最常涉足的一些地方。写小说不同于社会学研究或新闻写作，后者可以将写作对象完全当成客体，只要真实呈现即可，但前者必须在精神层面与写作对象融为一体，否则就会失真。

因此，虽然书里很多人物跟我一点都不像，我虚构了这些故事，自己却没经历过，但在精神体验上，我与他们同在，甚至说，他们就是我自己。比如，《星落深山里》这篇前前后后，讲的是去甘肃偏远山区投身中学教育的城市中产青年的故事。我自己并没有支教过，更没去甘肃山区支教过，但去做真正的教育事业，是我曾经的一个梦。再如，《燕郊候鸟何处飞》这篇，讲的是住在燕郊的女青年的故事，我根本没在燕郊住过，但我完全可以理解在巨大生活落差感之中的孤独感与疏离感。再如，《一个地下室病患的独白》这篇，塑造了一个长期幽闭在地下、近乎疯癫的"地下室人"，我没有住过地下室，但我曾经有次为了参加考试，找不到像样的宾馆，只能住在简陋、破败的小旅店里，那里的逼仄、压抑令我无法忘怀。甚至有些时候，为了让小说更加真实，我会去实地考察，比如我曾经专门跑到东郊皮村，与打工青年聊天，我还独自挤上拥挤的车厢去了燕郊，跟小区门口的房产中介聊了许久。这些往事，或直接或间接地融入我的创作中，它们都增加了《北京流光》在叙事层面的价值。

高明勇： 你这些了解"北漂"的方法，其实既和媒体采访的工作有关，又和现在的"非虚构写作"很像。

黄西蒙： 我觉得在小说创作中最为重要的，还是写作者的精神体验能力。因为叙事总是在不断变化的，一个人的阅历再丰富，也无法对世间万事万物都有直接的体验，毕竟，世界是无穷丰富的，但人类的精神状态与社会的情感结构却是有限的，比如瞬间落下的快乐，隐忍许久的苦闷，自我挣扎的焦虑，环视歧路的迷惘……这些元素，涉世越深，我体验越充分，自然就会将各种情绪与思考置入小说写作中——换言之，很多时候，我不仅是在书写社会与他者，更是在剖析自我，而在创作中，我也可以对自己的精神世界进行救赎。恐怕并不是为了写小说而写小说，而是现实命运与精神状态推着我走上这条路，既然如此，我也只能坚持走下去。

高明勇：近些年，"北漂"的关注度似乎在逐步下降，代表性的叙事更少。你认为原因在哪？

黄西蒙："北漂"本身就是一个时代的产物，北京也好，深圳也罢，当一座大城市不断吸引人口流入时，就会出现各种漂泊者。但当大潮退去，就会有很多人离场，去其他地方发展与生活。

至于优秀的"北漂"叙事不多，确实是个遗憾。有些北漂小说，有着明显的"伤痕叙事"或"底层叙事"的味道，陷入了控诉式的写作，我认为这是不妥的，不仅是因为这样做无法全面映照现实，也是因为这样会破坏文学内在的节奏与逻辑。因此，我也希望能通过创作，去记录一些值得铭记的东西，能以纯文学的方式为芸芸众生尤其是不被主流话语关照的小人物树碑立传。

高明勇：我知道你在澳门求学过，有没思考过其他地方，或者把海外的"漂泊者"作为参照？

黄西蒙： 如果从历史上看，作为一个整体的"北漂"，在几乎所有后发国家的现代化转型中都出现过，比如司汤达笔下的外省青年，菲茨杰拉德创作的各种迷惘者形象，都是一个时代的症候。

相比发达国家，中国的城市叙事方兴未艾，而且中国的城市漂泊者，来处、所在与去处，也迥异于西方国家。《北京流光》中的漂泊者，有一些来自外地二三线城市，如柏望舒、鲁至正、朱文允，还有的来自小城小镇，如李牧吟，当然也有来自底层的，如潘小凤。因为有着不同的原生家庭、成长背景，他们在北京的漂泊状态自然是不同的，有人是为了追求理想主义的光焰而成为本阶层的"反叛者"，有人为了向上攀爬而失去了本心，有人在上下挣扎中变得愈发冷漠、孤僻。人们的去处自然也是不同的，但故事大多是开放式的，并不会给出人物命运的走向，但明眼人可以从叙述中看到可能的趋势。

高明勇： 就身边朋友的选择看，一些人放弃了"北漂"，"孔雀东南飞"，去南方定居了。从"漂泊"到

"定居"，或者说从"一种漂泊"到"另一种漂泊"，是否和这几年城市化的进程有很大关联，尤其是一些"新一线城市"的崛起，更利于"城市与青年的双向奔赴"？

黄西蒙：不同于"北漂"非要去一线城市发展，各地"抢人大战"是近年的流行趋势，这是符合当前中国城市化进程的，我置身其中，也有观察与思考。但《北京流光》的叙事时间截止于 2017 年年底，当时"抢人大战"的硝烟还未扬起，从 2018 年开始，民众对于"北漂"的态度确实也与之前大为不同。越来越多的年轻人也不再选择在北京发展，而是去其他二三线城市，这是一个现实的信号。但本着真实性的原则，既然我在小说叙事时间没有抵达新的城市化进程的时候，就不会展现过多失真的东西。也正因此，我在"一百种北京"的第二部《北京孤月》里开篇不久，就写了一个北漂青年南下的故事，名为《孤鹜南飞》，虽然年轻人离开了"北漂"的生活，但孤独者与求索者依然大量存在，我会在创作里不断书写这样的新故事。

高明勇： 一些年轻朋友经常会纠结于该"逃离"还是"死磕"，你认为这种心理的实质是什么？

黄西蒙： 近年有句流行语，叫"大城市放不下肉身，小城市放不下灵魂"，折射出很多人"不上不下"的尴尬状态。从现实层面来看，我身边确实有不少同学、朋友纷纷离开了北京，但他们未必都回到了老家小城，而是去了南京、杭州、成都之类的二线城市。在现实中真正去跟一线城市"死磕"的人，其实远不如以前多了。在一线城市凭借个人努力迅速实现阶层跃升的故事也越来越少了。当社会阶层流动速度放缓后，社会观念也会发生巨大变化。

高明勇： 你有过这种考虑吗？

黄西蒙： 我应该会一直在北京生活，见证并记录这座城市在现代化转型中不同圈层的个人的命运，尤其是书写各种被压抑与拒斥的小人物的故事，也是我会坚持的事业。

高明勇："我们在北京互不熟悉，却又彼此相关"，这句金句算是对北京社交关系的一种感悟与提炼吧？

黄西蒙：是的，这句话是从创作《北京流光》之初，就想好的，可以说是"题眼"，它后来也被放在了本书的题记里。虽然很多人认为城市居民处于一种原子化的状态中，自我与外界的联系并不紧密。但不论我的写作风格多么克制与冷寂，我在内心深处，还是有被压抑的热情，希望社会中的个体是能够相互理解与包容的。这句"题眼"不只是一种社交关系，更是一种存在方式。当我们对于他者的存在抱有足够清醒的认识，并且愿意去探索自我、剖析内心时，就会发现，人们彼此之间并非"孤岛"状态，而是相互关联的，与此同时，社会对于个体又有足够的尊重与理解，就是最好的状态。

高明勇：你喜欢还是排斥这种"泛社交"的"社交关系"？

黄西蒙：对我来说，这种人际关联性与适度的自我空间，二者并不是矛盾的。即便不从社交关系上看，而是仅从文本结构上讲，也是有趣的设置。我在《北京流光》的最后一章，让开篇出场的人物柏望舒回归，形成了一个文本结构上的圆环，是为善始善终。但我们的生活终究不可能是圆满的，存在各种时间、空间与命运的局限性。因此，全书最后的故事《酒楼上的无穷远方》，实际上讲述的就是看似圆满之下的分歧与告别，既是与过去关系的分别，也是与自我的分别。就像咱们的聊天，时间有限，也只能告一段落了，感谢你的访谈，也希望《北京流光》带给读者朋友的是有意味的阅读体验。

被遗忘
的
传统

方延明

南京大学
新闻传播学院首任院长

创办世界一流大学

不能是"自娱自乐"

2022 年 5 月 20 日，南京大学 120 周年华诞。值此
之际，新闻传播学院首任院长方延明教授推出了校庆纪
念特别礼物《方延明新闻作品集》，书中收录了方教授
的过往新闻作品，是从 2000 多篇报道中遴选出的，其中
包括在《人民日报》《光明日报》《中国教育报》等重要
报刊上的 54 个头版头条。这不仅是一部个人新闻作品
集，还是一所大学的历史记忆，更是一个时代的思潮
缩影。

本期政邦茶座邀请方延明教授，谈谈大学校庆该如
何庆祝。

高明勇： 祝贺方教授"新闻作品集"出版，不管对南京大学来说，还是对您个人来说，相信这都是非常珍贵的校庆礼物。其实，这不仅是一部个人新闻作品集，还是一所大学的历史记忆，更是一个时代的思潮缩影。翻阅内容，想到《历史的天空》歌词，"眼前飞扬着一个个鲜活的面容……一串串熟悉的姓名。"这牵涉一个命题，如何庆祝一所大学的校庆，您是怎么思考的？

方延明： 谢谢。一所大学的校庆，实际上是这所学校历史文化的完美呈现。南京大学是一所享誉国内外的百年名校，大气、厚重。作为一个在母校生活了 50 年的南大学子，我是读书、工作、退休养老，与母校融为一体了，今生之大幸。

从前年，我就琢磨怎样在母校 120 周年时送上一份沉甸甸的非同一般的礼物。我想到把我写学校的新闻作品结集出版。我直接写信给学校党委书记胡金波同志，他非常支持，当即批复给常务副校长谈哲敏院士。在两位校领导的直接关心下，《方延明新闻作品集》得以顺利出版，并在校庆日子里与读者见面。

机缘巧合，习近平总书记 5 月 18 日给南大留学回国青年回信中强调，要在讲好中国故事上争做表率。我想，每个人都讲好自己的故事，每个学校都讲好学校的故事，那中国故事就讲好了，那中国的国际形象就会有很大提高。

高明勇：印象中，十年前南京大学 110 年校庆时提出"序长不序爵"的原则，在当时引发很大轰动，赢得社会好评，但是这一原则并没有被推广开来，您认为原因在哪？

方延明：南京大学素来尊重专家，尊重人才，敬重教授，敬重长者，不崇拜权力，敢挑战权威。在抗战时期，中央大学的教授就有不买蒋介石账的，有一个流传较广的"蒋公的面子"的传说。前些年，包括现在，人们对"官本位"深恶痛绝，敢怒不敢言。在这样一种情况下，南大在国内首创"序长不序爵"，带来一股清新的风，赢得社会一片赞誉是很自然的。但是这件事可能很难推广，只有像南大这样的学校才可以这么做，因为她有底气，有文化，有传统，不会特别在乎权威。现在推广起来依然很难，寄希望随着社会民主生活的进步，尊重科学，尊重人才，敬畏文化，能逐步推广开来。

高明勇：这些年工作的缘故，我对大学校庆现象也较为关注。 2010 年，北京大学中文系百年系庆，当时我与时任中文系主任的陈平原教授访谈时提到一个问题，"中文百年，我们拿什么来纪念？"今天，南京大学 120 年，疫情背景下，很多校友估计无法返校，您认为"我们拿什么来纪念？"

方延明：我想，最好的纪念就是使这所学校的优良学风和校风传承下去。今年南京大学 120 周年校庆做了一件非常好的事情，就是在全校范围内讨论"南大精神"，书记、校长、院士，全校师生员工都参与，上上

下下，多次反复，最后确定"南京大学精神谱系"， 5
月 18 日的《光明日报》对此做了重点报道。

高明勇： 2011 年，清华大学 100 年校庆，当时我
与曾先后在清华大学、北京大学、江苏省任职的任彦申
教授访谈时，他提出"清华百年动力，解决中国问
题"。今天，在南京大学 120 年校庆之际，作为一位横
跨数学、新闻学科，并在南京大学生活了 50 年的教
授，您怎么思考大学的使命和意义？

方延明： 我以为，一所大学的使命，应该是与国家
共命运。南大校庆日为什么定在 5 月 20 日？其实就是为
了纪念"五·二〇"学生运动。1947 年 5 月 20 日，由
中央大学（南京大学前身）始发的"五·二〇"运动迅
速扩展到京沪苏杭等全国 60 多个大中城市，各地学生
纷纷行动起来，从此"反内战、反饥饿、反迫害"的口
号普及全国各地，形成全国性的学生运动，被毛主席称
为"开辟了第二条战线。"

另外，大学要传承文化，传承思想。十年树木，
百年树人。大学不能跟风走，世界著名高校都是以其

思想传承、高水平的基础研究成果和杰出人才而影响于世。

高明勇： 您认为如何衡量一所大学办学是否成功？

方延明： 这些年来，对大学的评价一般是教书育人、科学研究和社会服务三个方面。我认为不同的大学应该有不同的使命，著名大学还是要看你的杰出人才培养和标志性、重大基础性研究成果。寄希望在不远的将来，我们也能有世界大奖，要多到国际舞台上去拿奖，拿大奖。下棋找高手，弄斧到班门。创办世界一流大学不是自娱自乐，在家里是英雄，出去是狗熊了。要真厉害，而不是假厉害，不能一打就趴下了。

高明勇： 听说您是从自己撰写的 2000 多篇新闻作品中挑选出现在的篇目，这应该是一个艰难的过程，作为采访者、写作者，也作为研究者，您的取舍原则是什么？

方延明： 我认为首要的原则还是"重要性"。有一个前提，我是在南京大学这样一个学校里面做新闻的，素材、题材毕竟单一。但是，这并不妨碍我发挥，我有对学校情况的深入了解和浓厚感情，这是外面记者没法比的。艾丰讲过，《人民日报》记者要想总理所想，一个南京大学的新闻能上《人民日报》《光明日报》，一定是有全国意义。

高明勇：您在后记中说"笔力不逮之处俯拾皆是"，是谦虚吗？或者说您认为学者写小说的最大障碍是什么？

方延明：这不是谦虚。小说中存在的问题与我的学者身份没有关系。小说写作有共同的难题，如何把思想、故事、语言融为一体。具体到每个作家又因人而异，在我就是如何讲好故事。小说不等于故事，也大于故事，但肯定要讲故事。如何讲好故事对我是考验。学者的工作是研究文学，写小说是另外一种方式，需要转换笔墨。研究要贴着文本，连接世界；写小说要贴着人物，置身想象的世界中。

而且，好稿件要有开阔视野。我几次参加中国新闻奖的评选，有一次写了一篇《什么样的作品能得中国新闻奖》，广为传播。好稿件一定要视野开阔。

此外，要有独家的好策划，没有策划就没有精品。二十世纪九十年代初，拜金主义盛行，大学教授卖馅饼，大学生卖茶叶蛋，令人忧虑。我在南京大学抓住一个好苗头，策划了以一封"渴望"来信为由头的重塑理想大讨论。《人民日报》于1993年5月5日在头版头条配发"编者按"发表，引起社会强烈反响。

秉承这些原则，我挑选了"我们应该怎样为21世纪培养人才"；"今日我以南大为荣，明日南大以我为荣"；"整顿学风大讨论"；"大学生打扫厕所做保洁员"等内容。这些活动，都在主流媒体上得到过重点报道和广泛赞誉，产生很好的社会反响。南京的媒体朋友给我起个外号"南通社"，"南京大学通讯社"的意思。

高明勇：书稿匆匆读完，感慨不已，很多二十世纪八九十年代的新闻以前没有读过，但今日读来，既感亲切，又耳目一新，不管是报道的内容，还是新闻的写法，都足以担纲南大校史的另类记录。时隔多年，重新翻看这些"历史的草稿"，您有哪些感慨？

方延明：我感恩母校，是母校滋润了我，离开母校的关爱和培养，我将一事无成。我也很感恩作品集里面被采访的前贤和名师，有我的好多师长和忘年交。重读这本文集，他们的音容笑貌似乎就在眼前。所以，我在这本书的扉页特意写了一段话："在这一百二十周年庆典的日子里，谨以此书献给……在学校发展中殚精竭虑，努力攀登科学高峰，教书育人的历代杰出师长们；在创建世界高水平大学和'第一个南大'的进程中，关心和支持南京大学的各级领导、师生员工、海内外校友、朋友们。他们的业绩与南京大学永存，他们的名字将永远镌刻在南京大学的丰碑上，留在南大人的记忆里。"这是我的心里话。

高明勇：记得《方延明文化三论》（中华书局，2020 年 3 月）出版时，您写道"以编年的先后顺序做学术回顾，可以从中寻出一个治学的轨迹与脉络"，那么，可以说《方延明新闻作品集》更像一个"新闻自传"，从中可以寻出一个采访的轨迹与脉络，您认为这个"轨迹与脉络"是什么？

方延明： 我想就是"三个同行"吧，与国家同行，与母校同行，与改革开放同行。大凡一个人能做出一点成绩，一定要把自己的前途和命运与国家的前途命运结合在一起，心系"国家事"，肩扛"国家责"。

高明勇： 2021 年 3 月，时任总理李克强到南京大学考察时，勉励学子说"沉下心来践行校训"。作为一位融求学与执教都在南大的南大人，您是如何理解南大校训"诚朴雄伟，励学敦行"的？

方延明： 南大精神有两个源流，一是中央大学的源流，一是金陵大学的源流，二者都强调"诚"。诚、朴、雄、伟，是中央大学校长罗家伦在任时确定的，每一个字都有丰富的内涵。励学敦行，是百年校庆时加上去的。本来前面四个字是分开的，现在成了诚朴、雄伟、励学、敦行。

我以为最核心的东西诚朴和励学敦行，主要在践行上，嚼得菜根，做得大事。南大人一直很低调，大家都觉得诚朴有余，雄伟不够。我觉得还是诚朴一些好，没有真东西，一天到晚咋咋呼呼，并不好。

高明勇：我看您在书中采访过不少"南大人"，也有一些已经故去，您认为他们身上有哪些值得传承下来的"传统"？

方延明：我觉得老一辈留下来的传统很丰厚。南大胡金波书记为什么支持出这本书，寄予厚爱。他说，出版这样一本写身边事、身边人、学校事的书，可以弥补年轻师生对学校历史、对学校改革开放史知之不多的缺憾，是一种感恩前贤，激励后人的善举。南大的传统很多，譬如："五·二〇"爱国主义传统；匡亚明招贤纳士、举贤使能的传统；曲钦岳校长取法乎上、追求一流的传统；胡福明解放思想、冲破牢笼、坚持真理的传统；李四光、程开甲等矢志报国的传统……都值得传承下去。

高明勇：我看书稿邀请了历任的南大党委书记、校长撰写贺词，有哪些考虑？

方延明：从某种意义上讲，出版这样一本《方延明新闻作品集》，也是南大历届领导对我工作的支持和肯定，同时也是对南京大学四十多年改革开放历史的充分肯定。

老领导们都是治校理政的领导者和参与者，富含深情。几位老领导题词都有个性，曲钦岳校长题的是"举南大旗，知师生音"，掷地有声。蒋树声校长题的是"笔风墨意，澄怀怡心"，富有诗意。陈懿校长90岁了，他给我打了几次电话说，要感谢南京大学在这样一个时间点热情支持出这本书。他写的是"真人真事谱就非凡历史，非凡历史呈现硕果累累，累累硕果承载优良校风，校风优良代代相传，历久弥新再创辉煌。"可以说，用心良苦，他希望师生员工都能好好看看里面的人和事，传承南大的好传统。陈骏校长写的是"一本回味隽永的南大故事集选，一部鲜活厚重的南大文化日记。"韩星臣书记题的是"似海雄文传道义，如椽手笔写春秋"非常大气。洪银兴书记写的"讲好南大故事，传承南大精神，扩大南大影响"。张异宾书记题的是"真言呈历史，实绩显南雍"。

高明勇： 南京大学一百二十年校庆，你最想对它说什么？为什么？

方延明： 一句话，还是祝福吧。习近平总书记讲过，"世界上不会有第二个哈佛、牛津、斯坦福、麻省理工、剑桥，但会有第一个北大、清华、浙大、复旦、南大。"2022 年 5 月 18 日，总书记又寄语南京大学。祝愿母校，早日建成与世界名校齐名的世界一流大学。

十年砍柴

知名文史作家

"历史浓度"决定了

每个人一生的价值

2022年，知名文史作家十年砍柴新作《寻找徐传贤：从上海到北京》出版，"徐传贤"的名字随之进入公众视野，被更多的人所熟识。

谁是徐传贤？相信这是很多人的第一印象。其实，十年砍柴"寻找"的不是一个邮政人的故事，也是在寻找一代知识人的人生轨迹，"从上海到北京，这不是一个人的选择，而是一代知识人从旧时代通向新世界的道路。他们是小时代的精英，却与大时代命运相连……"

十年砍柴认为，把普通人依附于大时代而生存的状态写出来，就体现了"公共性"，而"私人史"和"家族史"必定具有足够的公共性，才会有价值，才会被读者认可。

高明勇： 听说写作《寻找徐传贤：从上海到北京》这本书是因为朋友托付，写这样一本书应该不在您的写作计划之内，还耗费不少的时间精力，真正打动您的写作念头是什么？

十年砍柴： 通过朋友介绍，我认识了徐传贤的文孙徐建新先生，相谈颇为投缘。

建新先生说他祖父的一生很不寻常，只可惜早已故去，他从未见过祖父。他希望能够请我给他的祖父来写一部传记，以弥补这种遗憾。

一开始，我没有答应，我知道当下有不少为人子孙者，请人为其先人立传以尽孝道，这当然是件好事，符合中华民族的传统美德。但我总认为受人之托来写传记，不免有"谀墓"之嫌，这不符合一个独立写作者对自己的期许。

我对建新先生坦率地说出我的顾虑，建新先生说，他只是作为后人提供传主的资料，决不会干涉写作自由。而且他将已有的一些材料给我，由我判断是否值得动笔。

看完那些资料后，我觉得徐传贤先生虽然生前声名不是很大，社会地位也不是很高，但作为一个在大上海成长的专业知识分子，他经历了许多大事，一生跌宕起落，在时代的大潮中浮沉，也就是说"历史浓度"很高，值得一写，于是答应下来。

一旦动笔，我当然要把它写成一个正经的作品，而不是以夸耀传主获得其后人认同来交差。

高明勇：我知道您之前写过曼德拉传记，写过湖湘名人的传记，写作名人传记和写像徐传贤这样的"非名人"传记，写作方法有什么区别，或者"非名人"传记写作有哪些难处？

十年砍柴：写一个人的传记或者写一段历史，从写作方法和态度而言，我认为没什么差别，也不应该有差别。不能因为写"名人"就态度严谨，写"非名人"则应付。

一个有敬业心的木匠去做活，无论盖房子还是做一条板凳，都会认认真真力求把活干好。

如果说难处，则是"非名人"所能找到的史料太少，有些亲属介绍的信息，要去交叉印证，很不容易。

高明勇： "这既是他史，又是我史，也是一部公众史。"这是李天纲教授在序言中对《寻找徐传贤：从上海到北京》的评价，认为采取"公共史学"的视角，超越了"私人史""家族私史"的写作。这几年大众史学写作比较流行，作为长期从事文史写作的作者，您是如何看待"家族私史"和"公共史学"的异同的？

十年砍柴： 任何一个人都是时间的过客，是地球的旅者，他生活在一定的时空之中，在这一点上，最伟大和有名的人物和籍籍无名之辈是一样的。所不同的是，大人物对他所处的时代和所处的场域（如某个地区、某个国家，甚至整个世界）产生了影响，因而被历史学者所关注，他们的生平活动具有更多的公共性。

　　然而，从根本上说，名人也罢，普通人也罢，他们的人生轨迹既有"私人"的一面，也有"公共"的一面。

　　每个人即便是天纵英才也皆是肉身俗胎，有血有肉有情感，他们一生中会面临种种私人问题，如学习，如谋食，如结婚，如养育后代，如交友，应对这些问题和烦恼都难以免俗。而每个人哪怕只是一介平民的一生，也具有一定的公共性，他生活在某个时代，那么他的命运乃至言谈举止，都带有那个时代强烈的印记，没有一个人可以超脱他的时代而架空生存。

　　所以我们看到徐传贤从出生到去世，每一步不论他多么努力，多么聪明，作出了适当而理性的选择，最终都还是被时代所左右。把普通人依附于大时代而生存的状态写出来，就体现了"公共性"，所以我认为，"私人史"和"家族史"必定具有足够的公共性，才会有价值，才会被读者认可。

　　高明勇：我比较好奇的是这本书的副标题，"从上海到北京"。为什么用这个副标题，仅仅因为他在这两个城市生活的时间比较长？

十年砍柴：徐传贤一生大部分时间是在上海和北京度过的，且以 1949 年他 41 岁时为分水岭。上海给了他前半生安身立命的技能和职业尊荣，北京则决定了他后半生的命运。从他一生的经历来说，就是从上海迁移到北京。

当然，对这种人生轨迹也可以做一个引申：他告别了"旧上海"，来到了"新北京"，无论是思想认识、职业状态还是家庭生活，来到北京的徐传贤在时代大潮的推动下，自觉地向上海——曾经代表中国光彩面相的旧世界，进行切割。

高明勇：评论说这本书可以看作徐传贤先生的上海—北京"双城记"。而上海和北京的文化差异及两座城市的关系都投射在徐传贤先生的一生中。您认为这两座城市对徐传贤都有哪些具体影响？

十年砍柴：两座城市的风格、气质和徐传贤生活于其时的思想认知、精神面貌、生活状态是高度合拍的。

他的专业技能、生活情趣是在上海培育的。徐传贤是"沪二代"，虽然他出生在上海郊区的青浦县老宅，但由于其父徐熙春先生在上海经商有成，家境优渥。他少年时便在上海的"法租界"接受中学、大学教育，后考入有"铁饭碗"之称的邮局做邮务员，年纪轻轻就收入颇丰，在上海滩这个万花筒里，总体而言，他的生活是多彩多姿的。

他喜欢摄影、跳舞和游泳，业余看电影并发表影评。他过着和当时美国、欧洲城市的中产者没什么差别的生活。他年轻时在上海几乎不问政治，也不了解民间疾苦，追求的是洋派的、舒适的生活。"抗战"爆发后，他万里飘蓬，先到越南，后去重庆，为维系战时中国的邮路呕心沥血、忘我工作，才真正体验到山河破碎、人民被侵略者奴役的耻辱和痛苦。

到了北京后，他从旧"中华邮政"的高级职员，洗心革面成为一位邮电部的重要官员，他在思想和生活上都与过去决裂，积极地拥抱新时代，在政治上否定过去，融入时髦的政治洪流中，以积极的态度参加一轮接一轮的政治运动，从言行上与在上海的"高级白领"迥乎两人。

可以说，北京以巨大的能量消除他身上"旧上海"

的痕迹，看起来成功，但其实他内心并不快乐，特别是"右派"摘帽后，淡出官场，安置到北京邮电学院教书，他无意中总露出客居他乡的惆怅。说到底，上海仍然是他生命的底色，北京味于他最终还是扞格不入。

高明勇：整个传记读下来，感觉徐传贤先生对家族的影响还是不小的，您认为他的"家风"是什么？

十年砍柴：徐传贤的成长、受教育和职业选择，深受其父亲徐熙春的影响。他在青浦的大家庭是"诗书传家"，其祖父、曾祖父是秀才，教书为生，父亲是一位成功的商人，也是一位较有社会影响的慈善活动家。

徐传贤将家庭这样的风气发扬光大，其家风概括起来，我认为是：重视教育，专业立身，乐善好施，有社会责任感。徐传贤的儿女和孙辈、曾孙辈，几乎都是从事教师、医生、科研或经商等职业，远离官场，靠个人的专业能力安身立命，事业成功后热心慈善和公益。

高明勇：从北京到上海，多次寻访查找资料，最触动您的事情是什么？有没有什么遗憾的地方？

十年砍柴： 如刚才所说，因为历史的原因和徐传贤个人的际遇，他留下的资料不多，寻找材料的工作量大，所以我这本书既是徐传贤的传记，也记录了寻找其生活、工作足迹的经过，我的写作也是"从上海到北京"。

在"寻找"的过程中，我最大的感慨是沧海桑田，时代巨变，历史痕迹消失、历史被遗忘是很快的。徐传贤的一生都在 20 世纪，距今并不遥远，可当我找到他曾生活过的场所时，发现许多地方已变迁太大，不复旧时风貌。

最触动我的一件事是我去湖南澧县某乡镇——徐传贤先生当年参加中央土改工作队待过半年的地方——寻访旧迹，偶遇一位先生，他正好是土改那年出生，热情地为我介绍当地社情。

看到眼前古稀之年的老汉，我当时的感想是，人的一生在历史的长河里只是一瞬呀，要留下点什么来，实在太难了。如果说遗憾，还是由于资料的缺失，对徐传贤一生的呈现，不够全面和丰满。

高明勇：我看徐传贤先生也写过"自传"，其实民国一代学人，包括梁启超、胡适都倡议写传记、自传之类，如何看待徐先生这个"自传"的价值？

十年砍柴：徐传贤那份自传是二十世纪五十年代在邮电部工作时，应组织"审干"的要求写下此前的人生经历，特别是1949年前的经历。说白了，这是一份"交代材料"，篇幅不长，大约一万五千多字，都是平铺直叙，逐年说清楚自己在何处做什么，和哪些人交往，虽然简略，但很真实，文字里处处可见徐传贤先生对旧时代"原罪"的忏悔和思想反省。

在那个时代，中国有成千上万的人写过这样的自传，《彭德怀自述》便是根据其被审查时为回答专案组许多荒诞无稽的质问撰写的自传材料而编纂而成的。在那种背景下所写的"自传"，着重是表明政治上的态度，会舍弃掉一些对政治甄别没用，但对人生传记非常有用的材料，特别是一些生活细节。

徐传贤这份"自传"用笔精练，表达节制，许多事只点到为止，但背后浓缩了许多信息。我正是依据这份自传，才得以旁及相关的人物、事件，去搜寻与徐传贤一生有关联的资料，将其放到大历史的背景下书写。

高明勇：写作徐传贤先生的传记，对您的启发是什么？

十年砍柴：徐传贤的这份传记让我更加明白一个道理，不论写自己还是写别人的传记，最重要的是要真实，切忌臆想，不清楚的地方宁愿留白。

杨潇

青年作家，
媒体人

"危机感"让我

重走西南联大路

　　本期的政邦茶座，我邀请到一位老朋友，也是以前的媒体同行，他叫杨潇。

　　一年前因为各种因素，阴差阳错，拖到现在，不管如何，一切都是最好的安排。

　　2021 年他出了一本书，反响挺大，叫《重走：在公路、河流和驿道上寻找西南联大》。为了这本书，杨潇重走了 1938 年西南联大西迁路，以徒步为主跨越三省 1600 公里，穿过西南腹地，最后将这次旅行的记录写成了书。

　　我在读这本《重走》时，记了一些笔记，更列出了不少问题。我比较好奇的是，他为什么凭一己之力"重走"；前后对比，他是如何"重新"认识西南联大当年的"西迁路"；在"史和远方"的路上，他都有哪些奇思妙想。

高明勇： 我们好几年没见了。让你动念想重走西南联大路是什么原因？

杨潇： 其实就是 2018 年年初，当时读到两本书，一本是北京大学罗新老师的《从大都到上都：在古道上重新发现中国》，一本是英国历史学家拉纳·米特的《中国，被遗忘的盟友：西方人眼中的抗日战争全史》，这是一个契机。直接决定"重走"，也是因为正好读了西南联大几个学生的日记。然后，两三个月的时间就定下来，然后就出发了。

高明勇： 说走就走，执行力很强呀！还是一个人，还是成家了？

杨潇：还没成家。

高明勇：那还是有"资本"去走的，没有太多牵挂。

杨潇：我觉得成不成家不重要，我觉得孩子会是一个挺大的比较重要的责任。

高明勇：你现在这段时光可能也是最幸福的时光，能够随时来一场说走就走的旅行。你当时全部下来花了多少钱？

杨潇：花得不多，你就想，在一些县城里，住最好的酒店一晚上也就 200 多元，可能总共下来花了有两三万，具体的不知道，我也没算过。

高明勇：你前后全部走下来用了多长时间？

杨潇： 41 天，从长沙到昆明。

高明勇：就是按照他们当年那个进度吗？

杨潇：没有，他们是 68 天，我当时大概就是有段时间比较紧凑，坐了一部分时间的车，没有百分百的徒步，所以我没有按照他们的进度走，走了有三分之二吧。

高明勇： 这三年，回想起 2018 年的"重走西南联大路"，你有什么样的感触？庆幸，还是什么？

杨潇： 庆幸肯定是有，主要是庆幸这本书（《重走：在公路、河流和驿道上寻找西南联大》）是在 2021 年出版的，不是庆幸 2018 年重走了这条路。

2021 年，从我个人感受来说，特别是上半年，其实是国内疫情比较放松的一段时间，不管是书的物流快递，还是书上市后做的一系列活动，几乎没有受到什么影响，一直到 10 月份要在贵州做活动，才开始受到疫情的冲击，我觉得庆幸主要是这方面。

倒没有太多去想 2018 年这个经历，但是我想，如果这个时候再走，肯定是另外一种感受。

高明勇： 你目前什么状态，重新工作了吗，还是就想一个人安静一段？

杨潇："重走"后这一段时间，我自己也没有特别休息，去年就一直在卖书，今年就一直在写书，我现在在大理。既然是作家，就肯定是努力去写，基本上每天上午都在写，可能写两三个小时甚至更长的时间。

高明勇：你现在在写什么书?

杨潇：我现在在写与德国有关的内容。我十年前去过德国，当时有一个中德媒体记者的项目，去了三个月，后来又去了德国好几次，觉得德国挺亲切的。2019 年申请了一个项目去德国，又转了一圈。我一直对德国的博物馆很感兴趣。德国的博物馆比较发达，我就想去看德国的博物馆，特别是展现德国 20 世纪历史的博物馆，看它是如何呈现这段历史的，尤其是德国 20 世纪前半叶的历史，从博物馆的视角去做解读。写第三帝国的书太多了，一直以来我对《记忆的政治》比较感兴趣。在英文世界里，从 20 世纪 80 年代以来研究历史与记忆的关系的特别多，但是国内这样的内容比较少，所以我也想从这个角度来切入，去观察德国。

高明勇：是不是有点福柯的"知识考古学"的意思在里面？

杨潇：有一部分意思在里面，但是其实还有很多当下的东西，比如说 2012 年我在德国待了 3 个月，当时还没有一个极右翼政党，但是 2019 年再去德国的时候，这个政党就已经声势很大了，这是一个倡导历史修正主义的政党，用其中一个党魁的话说，德国在纳粹的 12 年不过是德国历史上的一个阶段而已，就是把历史相对化了。

有很多人批评，也有很多人认同。我会有很多当下的观察在里面，我会参考很多资料，所以写得也很清楚。当时也采访了一些人，特别是一些博物馆的馆长，或者是策展员，或者是学术顾问，和他们聊了很多。

高明勇：也就是说目前的写作和西南联大没有关系。

杨潇：我个人的兴趣爱好比较广泛，不像有的人找到一个题目就不断深入延续，我是完全开启了另外一个题目，所以就没有"一个人安静一段"的这个想法，自由职业就是全靠自律，一本接着一本地写。

高明勇：你说在自己"重走"前的一段时间，陷入了"存在主义危机"，"需要一次真正的长时间的行走来找回方向感和掌控感"。你所谓的"存在主义危机"是什么？源于年岁增长，职业困惑，现实处境，还是一种普遍的"时代病"？

杨潇：我觉得还是作为媒体人属性的一种感觉，就是一个人从传统媒体离开以后，个人的何去何从问题。以前在传统媒体写稿子，其实不太担心平台的问题，平台自动会把你的稿子送到读者面前。现在的状态相当于以前的机构媒体已经"失效"了，那怎么样通过建立自己的平台去传播，比如拥有自己的平台，毕竟谁也不想辛苦写一万多字特稿，最后阅读量只有两千，这是一个现实问题。

高明勇：实际上相当于让大家在关注原有媒体平台的同时，还关注到个人的书写风格与价值，是一种个人的价值追求。

杨潇：我觉得说个人价值可能比较准确，如果机构媒体不错的话，我写篇稿子能被更多人看到，个人品牌不重要。但是因为现在机构媒体"不行"了，发一条微博可能只有两个人转发，那如何让你自己认为生产出来的好内容被更多人看到，那就会有很多种解法。有一种解法就是自己去做一个公众号，把自己的个人品牌做出来，把这个变成一个长传播的平台，但这个对我来说我觉得没有适应，所以我当时不知道自己该做什么的。

高明勇：明白你所说的"危机"了，然后呢？

杨潇：后来我就找到了解决问题的办法，就是写书，这样就完全跳脱出了以前媒体的逻辑，就是说如果单看《重走：在公路、河流和驿道上寻找西南联大》这本书，如果单独把其中一章拿出来放到公众号里，不会有一个好的结果，这是肯定的，第一它没有爆炸性的那种故事，也没有非常强的情节，但是你把它们合在一起，在我看来相对于传媒类来说出版业还是相对保存了一些"精英文化"的东西，同时还不用像传媒一样把所有的稿子都放到一样的地方去竞争，比如说在出版业你的书是相对小众的，就不需要和大众的东西放到一起去竞争，不然就"死了"，这其实就是媒体人现在的一个状况，就是你和所有人竞争，你认为你的东西很有价值，但是如何被别人看到的问题。最后，反过来又会让你思考，你到底生产什么内容是有价值的？可能很多人就有了自我怀疑。

高明勇：在"重走"后的这段时间内，你认为自己走出"危机"了吗？有没有标志性的事件或习惯？

杨潇：就是写书。其实真正"重走"的时间很短，四十多天就走完了，但写书是持续了一段时间，尤其是头几个月是一个"高速公路"状态，不像之前在媒体有篇幅限制，就是你想写都能写出来，写得很尽兴，虽然也不知道能不能出书，可是本身自己写得很愉快，也很享受这个过程。如果说走出"危机"，其实那个写的时候就已经走出来了，这种状态就很好。

高明勇：你之前跑马拉松吗，还是就是喜欢徒步？

杨潇：我不跑马拉松，我就是喜欢走路，我跑步不行，但走路还可以，我可以走很长时间，一天走 30 公里一点问题也没有。

高明勇： 其实我 2018 年的时候也徒步过，你是重走西南联大路，我是重走玄奘路。当时单位团建，去了敦煌，在戈壁滩上徒步穿越，两天一夜，晚上露营，走过沙丘，走过戈壁，穿越河流，有时间限制，基本没怎么休息。这是我第一次戈壁滩徒步，有时走着走着，弯腰系下鞋带，或者整理下衣服，一抬头，发现就剩自己一个人了，其他人转过沙丘就看不到了。一个人的时候，四下特别寂静，天苍苍，野茫茫，就去体会当年玄奘走过这段路的时候，是什么样的心态，什么样的信念在支撑他。所以看你书的时候，我能体会到那种孤独感。

杨潇： 那你可以，反正都是一个人在一个特殊的环境中行走。

高明勇： 你将徒步定义为一种习惯，是一个"具体而微的解决方案"，甚至是"确认感"，许多小小的存在主义危机得以化解。对你而言，这些"小小的存在主义危机"指什么？

杨潇： 我觉得徒步也好，写作也好，都是寻找确认感，其实就是应对空虚的办法，人是很容易感觉到空虚的，特别是如果你对自己有审察的话，是很容易感觉到空虚的，但你如何解决空虚是一个问题，我认为徒步是一个很好的有方向感的事情，会有一种日积跬步的感觉，写作也是一样的。

高明勇： 我看书时有过一个闪念，我大学时学过俄罗斯文学，一些作家有当时比较让人难理解的"苦行僧"的习惯，有些人就喜欢"折磨"自己的肉体，求得一种精神上的释放，你徒步有这种感觉吗？

杨潇： 我没有，我觉得徒步对我来说是享受，不是一个苦行的过程，可能有的人是苦行，但对我来说是一个很愉快的过程。尤其是徒步 15 公里以内的对我来说都不觉得累，只会觉得多巴胺的分泌让我很愉快，尤其是出点微汗。那会儿 4 月份，不冷不热的，出点微汗风吹过，这种感觉是非常愉悦的。总的来说还是一个挺享受的过程，而且精力挺集中的，也没有那么多事儿去乱想，当你精神都疲劳的时候，才会聚焦到身体上，可能这点和你说的也有一点相似，它逼着你把注意力聚焦在身体上，但这时思绪不会乱飘，反而是一个思想聚焦的过程。总的来说，对我远远不是一个苦行。

高明勇： 我看你在重走前，把 2018 年作为自己的"寻路之年"，并提出了一些具有哲学意味的问题：什么才是好的生活？思想和行动是什么关系？人生的意义又到底为何？完成这段"寻路"后，又是如何理解这些问题的？你对这些问题有答案了吗？是什么？

杨潇： 答案可以说有，也可以说没有。这个问题，可能就很难有答案，或者有一个普遍性的答案，我只是自己有一点感触比较深的，也可能很难说是答案。空想没有用，很多东西是只有你做了才能够清楚的，才知道将会遇到什么，光想是解决不了问题的。

像我在当时的状态，如果我不去走，总是在设计、在准备，那根本解决不了问题，就可能一直准备下去、一直设计下去，但是不去实践就不会知道自己会得到一个什么东西。

这也不是一个特殊的问题，好多人都会有类似的疑问，我只是自己经历过一遍，经验似的感受可能就不太一样了，观念似的感受可能是一样的。

高明勇：你说好奇 80 年前的徒步经历，对西南联大这些师生之后的人生选择是否有过影响？同样，我也好奇这段公路徒步经历，对你的人生选择有哪些影响？

杨潇：感觉还是要做自己的事情，确认自己一个相对擅长而且很喜欢的事儿，这两个要素都满足的话我觉得就不要再等了，做还是最重要的。这三年就有这样一个很强烈的感受，就觉得时不我待。

我是 1982 年出生的，以前总会有一种感觉，觉得时间还长，觉得自己还能学学这个、学学那个，成为这个、成为那个，但好像就是大概 36 岁前后，就会觉得只有时间是最宝贵的。2014 至 2015 年曾经有过一阵"创业潮"，很多人就是我先熬一熬创个业或者我去大厂工作一段时间，等我财富自由了再去完成我的梦想之类的，我现在觉得这个特别虚幻，虽然我从来没有做过这样的选择，但我也以一个创业者的心态去工作过，那个时候我就觉得特别虚幻，我觉得所有的这种想法都是托词、都是借口，最后你会走到一个"不归路"上去的。

高明勇： 咱俩年龄差不多，我比你年长几岁。我也经常有"时不我待"的感受，28岁时我曾写过一篇文章，谈我自己对"三十而立"的理解；38岁时也写了一篇文章，谈我对"四十不惑"的理解，就是提前两年去感受自己生命的重要时刻，等你到那个年龄的时候，再回头看当时的思考和写的文章，实际上有一种自己给自己做比较的意思。

38岁的时候，我重读了梁漱溟先生的书，有一个特别大的触动，一下子就醍醐灌顶，他说他的一生为两个问题所困惑，一个是中国问题，一个是人生问题。中国问题，就是中国向何处去；人生问题，就是人为什么活着。年轻时也读过他的书，但到这个年龄再读，感受真不一样。我就在想，我从大学时代开始写评论，一直写到现在，这二十年其实就在做一件事，就是围绕"中国问题"。当时我在想，四十不惑为什么"不惑"？实际上就涉及了一个人生问题，所以我说从四十岁以后，中国问题肯定还会持续关注，作为一个学者、知识分子咱们肯定有一些自己的价值追求，但另一方面，人生问题也要开始去探讨。所以我看到你写的那一段对人生选择的文字很有感触，说白了人生是很短暂、很有限的，我们下一步怎么走，你的这一段徒步经历，也许有的人会很羡慕，但也许有很多人不理解，但是对你个人来说，这段经历或许会对你的人生选择有一个很大的影响。所以这是我问这个问题的原因。

杨潇： 其实你这些话也启发了我，我觉得自己最大的确信感就是人还是需要创造的，人是创造的动物，或者说人是文化的动物，人不在了之后真正能留下什么东西，那可能就是你的创造吧，不管是什么形式的创造，哪怕创造孩子也是一个创造，可是创造一本书或者一个机构都是一生，以前没有这么清晰的认识，而且创造对此刻或者此生来说，是保持活力的一件特别重要的事情。我在写书之前几乎每年都要在大理这个地方住上一段时间，然后我就发现人不创造是不行的，像我们这样的都很难接受不创造的状态。

高明勇：你引用约翰·斯坦贝克在《横越美国》的话，我也很有共鸣。今天，也许自媒体更为繁华，但确实很多人并不认识自己的国家，很多人的印象都是"记忆"中的，"记忆充其量只不过是个残缺不全、偏斜不正的储藏所。"作为媒体从业者，有没有思考过问题所在？有没有好的建议？

杨潇：我没有系统地思考过这个问题，但是它会零星地冲到你面前，而且以前做媒体的时候，也负责过新媒体，所以时不时也会想一想这个问题，就是这个到底意味着什么，但是总的来说我觉得都离我越来越远，就是我有意做一个退守的状态，尤其是我离开最后一个媒体工作的时候，觉得自己好开心，尤其是碰到什么大事，我的第一反应就是我不用对这个东西做出什么回应了，我觉得这是一个特别愉快的事情，我就把自己越推越远了，就是这样一个退守的状态，我觉得这种状态还挺开心的，这样我会有一个更长的时间段让我去写作、去生活、去找一个更长的时间刻度，我就不用再去追这些东西了。

高明勇：重走中，有没有让你刻骨铭心的故事或细节？有没有让你一瞬间想要放弃的时刻？一个人行走在乡间道路上时，有没有质疑过自己为什么要这么做？

杨潇：没有想过这个问题，但会有一个模糊的怀疑，因为我是要写书的，但我不知道自己能不能把这条路走得有意思，足够给我准备写的书提供有意思的材料，这个担心一直是有的。但好在是"双线写作"，一条线是现实，现实中遇到什么有意思的人、有意思的事儿都是不可预期的，还有历史这条线，所以我就没有那么焦虑，如果是为了写作而旅行，只写自己，没有遇到有意思的人和事可能这一天就浪费掉了，我因为有双线叙事，在这方面还好。当然也不是没有想放弃的时刻，确实中间刚到湘西没多久，就有了甲沟炎，当时有点疼，后来很快就好了，当时担心说走不了路了，这个是有的。过程中有挺多细节和画面，其中印象比较深的是在湘西碰到一个老人家，他给我看他的家谱，他自己也作诗，后来他给我念了一首他的诗，当时我还是在那个媒体状态里面，就感觉和媒体衰败的景象颇有共振之处，然后我就觉得还挺感慨的。

高明勇：这些年，一些大学、社会机构也在"重走联大路"，你怎么看待这种现象？

杨潇：他们好像都不太一样，我走之前就有好多在重走，但他们不是那种真正的重走，他们是到一个地方跑一小段路或者一个马拉松，或者是到一个地方做一个活动、走一小段，象征性的那种。

我就觉得其他每个都不一样，就是各行其是吧，对他们我没什么看法和意见。还有小孩儿游学的也在走，我就提醒他们注意安全。这个路其实挺难走的，当然和长征那是没法比。

高明勇：同样这些年，"行纪体"似乎热了起来，你认为什么原因？

杨潇：可能因为疫情的原因，"禁足"期间大家只能国内旅行，很明显地能够看到旅行方面的书这几年比较火。

高明勇：我也关注一些行纪，比如汤因比的，罗素的，鸟居龙藏的，你理想的"行纪"是什么样的？

杨潇：我自己理想中的"行纪"还是那种多叙事，能够提供很多信息增量的那种，比如我最近马上要读完的《到马丘比丘右转》，就是一个几乎不在外露营搭帐篷的人，在 2009 年，马丘比丘一百周年的时候，他重走了当年宾厄姆的发现路，是一个双线叙事，大的背景就是在美国国家地理杂志的赞助和激励下，我觉得他的跳入跳出，让我看完之后收获挺大的，不只是一个单纯的个人给你记下一些异乡的传奇，给出一个纵深背景的同时，有历史、有现实这种穿插，交错叙事，我可能还是更喜欢这一类的。

高明勇：我个人也比较关注这个系列，当时的传教士等在中国行走的所见所闻，当时他们的经历让我看完很有启发。

杨潇：这些我基本都是当资料去读，就像你记下的一个化石、琥珀，这样一种凝固的状态，我觉得也挺有意思的，但是纯粹当一个好的游记来说，我还是觉得如果能有现实和历史的交错会更有意思。

高明勇："接受偶然性，然后去做事，用行动来包抄自己，创造自己，这是值得我长久咀嚼的收获。"这算是你重走后的最大收获吗？

杨潇：也可以说这句话是我最大的收获，因为刚才我们还聊到，我觉得创造这个事情是挺重要的，那怎么去创造，就是可能你空想是没有答案的，在做的过程中你才能找到答案，其实这句话就是我想表达的意思。

高明勇：你说你开始重新理解很多事情，比如，对于西南联大的价值贡献与历史坐标，重新理解后的认知是什么？

杨潇：这个我可能不太敢谈，因为我只是研究了旅行团，研究了西南联大成立前的这一段，但现在更重要的是他八年的过程，这个我没有足够的专业和研究来谈理解，更别说重新理解了。如果说重新理解，确实是有理解一些其他东西，比如对家国的理解，我在书里好多地方也写到了，就是以前我们做媒体记者、编辑时，会很警惕，就是感觉会有强制之嫌，但是如果你在一个特别闲暇，或者你对它进行一个转化，我觉得这其实是一个非常有力量的东西，一个很壮阔的东西，他确实是和人的某种本性的东西是契合的，我觉得这个我个人体悟挺深刻的。就是之前的判断还是成立的，警惕把它变成一个强制的东西，关注它本身壮阔、壮烈的东西，关注它本身情感性的、没有那么理性的特质，我觉得也是很重要的一方面。

高明勇：我们就只围绕你重走的这段路，你觉得你重走前后，对它的理解有什么变化吗？

杨潇：重走之前就觉得很亲切，就像他们当时在长沙的状态，你就会觉得和现在的年轻人很像，就是各种彷徨、失落，就感觉没有那么远。重走之后就会觉得，比如说在贵州的山里，一个无尽的转弯，一眼看不到头的时候，你也能理解他们当时那种状态，我觉得更多的是一种接近吧，不能说重新理解。我觉得就是把自己投入那个情景里面去，总在想办法离他们更近一些。

高明勇： 这本书最后收尾时，感觉写法上有种经历漫长旅途的放松，然后刹那间又转入更深的思考，感觉你冥冥之中仿佛在与历史对话。

杨潇： 反正就是觉得要有一个交代，前面的大部分（95％）都在表达他们年轻的时候，写一个很真实存在的、很细节的、很个人化的状态，最后还是要交代一下他们最后怎么样，尤其是学文科的那一拨学生，整体就相当于是舍掉了，尤其读莎士比亚晚年写的信的时候，就会说人生实在不是一个糟糕的剧目，设计这种剧目应该打屁股，不知不觉我们居然到了 60 岁，这个年龄以前想的时候是觉得很可怕的，就是觉得有责任要给他们一个交代，不管好的、坏的，并不是所有人都是杨振宁，有很多默默无闻的人，就是有各种各样的样本，各种各样的人生态度。

高明勇： 书中， 21 岁的吴大昌在书店看《冯友兰论人生》中的"论悲观"，说"人生就是，活着就是活着……人生问题就是这样子，你就好好过生活，你在生活里头过好生活，就没有问题。"你把这段文字作为重走的结束语，也是对自己说的吗？

杨潇：吴大昌是其中之一，是唯一一个还在世的人，我就觉得他说得很有意思，但不代表我完全认同，于是我觉得那就拿他做我的结束语。但他只是样本之一，因为还有自杀的、郁郁不得志等各种样本，我就希望通过这样一个样本来保持文本的开放性。希望读者可以当作一个镜子一样来对照，给读者一个参考文本，找到能和自己心灵发生契合的那一部分吧。

高明勇：我当时看到你结尾这段话，给我的印象是你也是对自己说的。你开始提到存在主义危机，结尾有一个论人生的呼应。

杨潇：其实没有对自己说。呼应其实是我自己的解答，就是接受偶然性的那一段，这个其实就是结尾，甚至我自己也没完全认同这个说法，我就是觉得故事很动人，我就觉得他是一个样本，是很重要的一类的回答，我挺愿意把它放在这个位置的。

高明勇： 我看书的封面说"一部非典型的公路旅行文学"，这是你的本意吗？从文体上看，你认为这部书的文体是什么，文学作品？

杨潇： 那句话是我和编辑商量的，我和编辑以及单独的主编有一个三人小群，包括这个书的书名都是我们三个人碰出来的，不能说是自己一个人的作品，就是大家你发一版我来修改，然后最终成稿。这个文体我也不知道叫什么，就是比较综合、比较杂糅的一个文体，有旅行文学的东西，也有户外的东西在里面，又有很严肃的历史的梳理在里面，反正我也不知道叫什么。

郑小悠

国家图书馆副研究馆员

从历史中发掘

现实的影子

2022 年，知名历史学者郑小悠博士的制度史研究力作《人命关天：清代刑部的政务与官员（1644—1906）》出版。

此前，她的一系列历史普及类作品广为人知，如《年羹尧之死》《清代的案与刑》《九王夺嫡》（合著）等，不但赢得广泛关注和良好口碑，还先后入选一些重要的年度好书榜单。

《人命关天：清代刑部的政务与官员（1644—1906）》，"综合编年体官修史书、各类典章、档案、文集、年谱、笔记等史料，对清代刑名制度的发展做出了详细梳理。同时，在制度史研究中引入对人、事的考察，刻画了具有相当专业素养的刑部技术型官僚形象，由案件的驳议往来，再现刑部与其他中央机构及地方官员在法理、人情、利益交织情况下的多重博弈。"

作家马伯庸曾评价郑小悠的写作"有余裕把一个事件或一个人掰开了揉碎了讲，用大量细节一个点一个点地深入剖析"，"不似学术口那么艰深，比戏谑流更沉着平静"。

本期政邦茶座邀请到郑小悠博士，一起聊一聊著史与读史的问题。

高明勇： 您一手写《人命关天：清代刑部的政务与官员（1644—1906）》（以下简称《人命关天》）这样的严肃历史研究，一手写《年羹尧之死》这样的历史畅销书，作为历史研究者与大众历史写作者，您认为二者的异同是什么？

郑小悠：《人命关天》这本书是我博士论文修改而成的，虽然出版时间比较晚，但写成的时间其实比《年羹尧之死》等书更早，花的工夫也更大。

二者的不同之处，首先在于写作对象，学术著作的核心目标读者是本专业的研究者和学生；大众读物的写作面向已有的或者潜在的历史爱好者。

第二是写作方式，学术著作的写作要遵守学术规范，引用注释等都有严格的要求，行文也会更加谨慎，算是戴着镣铐跳舞；大众读物的写作相对自由一些，谋篇布局，能出新出奇是最好的，引用注释也不宜太多太细，太多太细会影响非专业读者的阅读体验。

不过，《人命关天》这本书虽然是博士论文成书，但出版是按照市场学术书的路线走的，所以无论是在书的题目、章节标题、正文附录的编排，还是封面设计、后续宣发等方面，都会倾向于在专业性和大众性之间寻求平衡。把历史学的专业研究、前沿知识，更多地向公众普及，也是我一贯的追求。

高明勇： 历史学者马勇老师在《大众历史写作的意义与方法》中指出，从学术史的观点看，大众历史实际上是中国历史学的主流。他认为大众历史写作应该注意文质彬彬，注重文字表达，注意历史的逻辑性，另外要有适度想象和文学性。同样作为历史研究者与大众历史的写作者，您如何理解"适度想象和文学性"？

郑小悠： 我同意马勇老师说的，大众向的历史写作可以有适度的想象和文学性。因为某种读物，不论它的主旨内容是什么，只要想达到所谓面向非专业读者的目的，就一定要考虑读者的接受问题。

"好读"，把比较复杂的知识用普通人能看得懂、看得舒服的语言表达出来，让读者拿得起来放不下，是一个基本要素。文学性就是针对"好读"而言的。当然我所说的文学性，不一定是那种辞藻华丽的、富有诗性的语言，犀利老辣的、幽默俏皮的、滴水不漏的、晓畅平实的语言，一样具有文学性，而且可能是更有难度的文学性。只要写得好，都值得欣赏。

至于想象力，我认为也是需要的，但这可能要把握一个度。历史学是辨析史料的学问，但史料往往只言片语，不能周备，所以在专业研究中，我们会更倾向于有一分材料说一分话，对没有材料的问题，可以不讨论。但面对大众写作，把故事讲完满，且能逻辑自洽，就很必要了。把一个故事讲得坑坑洼洼，没材料跳过去，可读性就完全谈不上。这种情况下，面对那些没材料的部分，想象就变得很重要。

高明勇： 您的写作观是什么？

郑小悠： 作为一个专业的研究人员，我还是比较保守的，我自己在写这类作品的时候，会在行文中先明确，这里是没材料的，但在我个人看来，可能有一二三种情况，这三种情况置于当时的环境中，哪种的可能性最大。至于读者是否愿意相信，愿意相信哪个，就见仁见智了。

高明勇： 似乎存在一个认知上的误区，有些人会把文学性和真实性对立起来，尤其是细节的文学表达，如何体现真实性？

郑小悠： 关于文学性和真实性，我认为是不矛盾的，刚才提到，文学性并不仅限于文笔的华美、情绪的充盈，在历史读物的写作中，可能更应视之为一种叙事的技术或者艺术。和文学性对立的，我觉得更接近于论文学术规范所要求的那种规整性，或者用带点贬义的话，是刻板性，而不是写作内容的真实性。

田余庆先生的学术著作，文学性就很强，谋篇布局每每意在笔先，文笔也简约严明、清峻通脱。

　　另外当代学者，像罗新老师，叙事的文学性、技巧性也非常强，读起来非常生动隽永，让很多对历史没什么兴趣的读者都爱不释手。当然我看他的采访里面说自己不愿意提倡增加历史写作里的文学性，可能是他过于谦虚，也可能是我们对文学性的理解稍有不同。

　　高明勇： 从您所自嘲的早期是历史学爱好者的"民科"，到北大历史学博士，你认为最大的跨度体现在哪？

　　郑小悠： 其实也不算是纯"民科"（笑），因为我在网络上特别是文学论坛上活跃的时候，其实也是在北大读本科，而且选修了不少历史学系的课程。只是我所属的院系是现在的元培学院（当时叫元培实验班），并不是历史系的"土著"，网上瞎聊的东西也跟学术研究无关，所以我会这样说。试图突出自己其实是先接触互联网历史爱好者群体，然后才进入专业的历史学研究领域的。

　　从互联网历史爱好者群体里聊天，写一些非专业的文字，到拿一个历史学的博士学位，我觉得最大的跨度可能还是学术上的问题意识。

高明勇： 在《年羹尧之死》的自序中，专门谈到历史学专业的思维方式和研究方法，主要指什么？

郑小悠： 爱好者圈子是我喜欢什么话题，关心什么人物事件，我就聊什么、看什么，但研究选题不能这样，自己的兴趣、性情倾向于哪方面当然也重要，但更重要的是要看这个选题在学术谱系里有没有研究价值，另外还要在史料搜集、理论框架、前序研究等方面把握一下，看看有没有可操作性。

选择清代刑部这个问题来做博士论文，就是在这样的综合评估基础上做出的决定，这就跟我之前作为历史爱好者关心的话题，完全是两回事了。

高明勇： 尤其是《人命关天》，您认为对今天的政务运作和社会治理有哪些警示或启示？

郑小悠： 这个题目很大，而且也有一定以古鉴今的价值，就像我在书的第一章中提到，清朝对司法公正这个问题的认识很深刻，并且采取了一系列制度改革措施，在当时的人看来，取得了不错的效果。

当然，这种认识和变革，首先基于统治者稳固政权、强化统治的考虑，但与此同时，在行政技术层面，那种比较务实的思考和办法，也未尝没有值得我们学习的地方。这个具体说起来非常复杂，其中三点我认为最重要，一是慎重人命，二是尊重制度，三是信任专业人士。

高明勇：您现在在国家图书馆工作，要考虑如何利用自身专业背景开展阅读推广和文化传播的问题，您认为历史阅读方面的最大问题是什么？是"著史"的问题，还是"读史"的问题？

郑小悠：历史阅读最大的问题，可能还是想读历史的普通读者，不太知道怎么去选靠谱的书来看。这几十年出版市场繁荣，涌现出了不少历史类读物，这里面水平确实参差不齐，如果光看个题目或者封面，一般读者确实比较难辨别，这个读物是不是自己需要的，内容质量怎么样。特别是青少年和孩子家长，这方面的困惑就更大一些。而我们现在新书的推荐，一般都是出版社或者策划公司，给出一个宣传文案，通过各类媒体做推广，这种情况下，文案可能是比较程式化的，甚至是比较夸张的，参考价值就要打不少折扣。

高明勇：就阅读体验看，通史和简史这些年都比较兴盛，但有一个问题，很少有人有耐心去阅读通史，而简史又容易过于简化，您如何看待这种现象?

郑小悠：我个人阅读会更倾向一些专题的研究或者历史读物，对通史、简史类看得很少，所以不太能够评价。我想读者特别是青少年，如果需要阅读这类作品，又不是出于纯粹的娱乐目的，而是想借阅读了解一些靠谱的历史知识，可能还是要关注一下作者的专业背景，看看他对自己写的这部分内容，是不是确有了解，有没有不错的口碑。

高明勇：近些年，海外的中国史在国内也很受热捧，如《剑桥中国史》《哈佛中国史》《讲谈社·中国的历史》，分别是英国视角、北美视角和日本东洋视角，同样研究中国史，您认为海外的研究与写法有哪些值得借鉴？

郑小悠： 海外汉学家写作中国史，出于他们自己的文化背景，往往有一些我们想不到的视角，能把一些国内学者常见的史料，挖掘出另外的价值，很多都非常有意思，看起来有种耳目一新的感觉，我觉得这一点很值得学习。尤其是像清史这个领域，因为史料规模特别大，不但有各种新发现的古籍，还有海量的、不同层级的、不同文种的档案，都有待开发，所以研究者都会更加关注稀见的、未被使用过的史料，有一种史料越细、越偏，研究越高大上的认识。但真正有价值的选题、高水平的研究、最精妙的见解，未必尽出于这样的材料，把常见史料置于最适宜的位置，可能会看到不同的风景，一些海外汉学作品为我们做出了榜样。

高明勇： 之前一些调查现实，其实现在不少年轻人已经不怎么读史了，历史有些被遗忘，有些被张冠李戴，有些可能需要重新发现，我自己研究新闻评论史，发现不少历史上的评论家、政论家，都面临这种情况。从著史和读史角度看，您有什么建议？

郑小悠：其实让我讲历史作品的大众阅读，是有些自不量力的。以现在的出版市场来说，哪怕看起来比较畅销的、出圈的专业人士写作的历史类新书，相对我们的人口而言，也远远谈不上"大众"，只是比纯粹面向学界的专业论著多了一些读者而已。事实上，这些多出来的读者，群体也是相对固定的，主要是那些受过高等教育的、对某段历史有所爱好的朋友，并没有也几乎不可能深入到"大众"中去。

真正的大众，对历史的了解，可能更多的还是基于教科书、经典文学作品、热播影视剧、综艺节目，包括一些有历史故事背景的游戏，等等，所以您谈到很多历史知识的误读，我想这是难免的，也是很正常的。

高明勇：您认为我们今天该如何了解国史？

郑小悠：社会发展的第一义是向前看，我作为历史研究者、写作者，当然愿意更多的年轻人喜欢历史、读严肃的历史读物，但相对于大众的生计、生活而言，这确实是非必要的，我们有志于从事历史读物写作的人，首先应该勇于面对现实。

但另一方面，我觉得作为一个对人生有更多想法，更高追求的人，读一读历史，是会找到很多乐趣和精神寄托的。如果你是个有心人，善于观察生活、观察周围身边的人与事，你完全可以从历史中发掘到很多现实的影子，找到一些对当下的启发。

当然，这种启发未必是对生活实践的直接指导，但那种见识上的纵深感是如影随形的，可能在一些重要问题上，影响你的判断，指引你做出更有利于长远的选择。对于我个人而言，学习历史，确实有这样的帮助。

高明勇： 如果一本历史书摆在您的面前，我想知道您是如何来阅读这本书的？或者从哪几个方面来确定阅读价值？

郑小悠： 一本历史著作，如果是专业书，我会更看重选题、理论框架、论证过程，以及史料来源。如果是普及读物，可能会更看重篇章布局、写作视角是否具有匠心，另外文字是否流畅易读，如果再有些个人特点，那就更好了。

张贵勇

专栏作者，
中国教育报副编审

今天我们

如何做父母

疫情三年及其相关防控，影响的不仅是人的外在生活空间，还有很多影响如潜在的性格、心态、精神、心智等，尤其是对孩子、老人等特定群体来说。

这三年，"口罩下的生活"导致很多家庭居家的时间大幅增加，父母远程办公，孩子天天网课，直接影响是父母与孩子共处的时间几何级增长，但导致不少家庭的父母与孩子关系紧张。

这也引发一个永久意义的话题：今天我们如何做父母？

本期政邦茶座邀请到知名亲子教育研究专家张贵勇博士，请他来谈谈如何做父亲。

高明勇：记得 20 年前咱们认识的时候，你还是中国人民大学的研究生，好像是研究文学，是什么让你转向，成为一位教育研究者？是因为在中国教育报的工作，还是因为有了孩子之后？

张贵勇：说到转向，我从两个角度来解释一下。

从职业或平台的角度，是因为 2003 年一毕业，我就到了中国教育报做记者，对教育的宏观政策和微观事件开始有了全面的了解和近距离的观察。

从个人兴趣的角度，文学与教育看似完全不同的学科，其实内在的关系很密切，都是服务于一个人的成长，或者说成就一个人，都在构建、扩展、重塑着知识体系和精神世界，都是我很感兴趣的学科。

　　具体来说，文学也是研究人的，所谓的文学即人学。而教育，本质上是让一个人及早做到自我觉醒、自主管理、自立自强。我做记者的前三年，采访不同的人，有作家、教育管理者、教育学者以及一线教师等。与他们对话的过程，我很受益，对教育的重要使命和巨大作用有了直观了解，不由自主地以改善中国的教育生态为己任。

　　2005 年当了爸爸之后，在陪伴孩子过程中，我将孩子作为观察对象，记录、研究他的一言一行，对儿童心理学有了人类学意义上的观照。如果说之前的教育研究是宽泛的、由兴趣驱动的，那么此时的教育研究则是有具体指向的，进入了某个细分领域，我意识到自己应该也有能力帮助更多的父母引导孩子成长成才。

　　高明勇：我看你这本书名叫《养育的觉醒》，很好的一个标题，你是如何理解这个题目的？

　　张贵勇："觉醒"这个词，源于我发现一个很有意思的现象，那就是很多东西可以接续发展，如科学技术的发展就是不断向前的。

但教育，尤其是家庭教育，往往不是正向的接续发展，而是有点像重启电脑一样，每一代孩子长大成人、为人父母后，都需要重新学习育儿的方法与艺术。

而无论 70 后、80 后还是 90 后，在育儿方面都是重新开始的状态。从现实来看，初为父母者，受原生家庭的影响非常大，更多的是依靠经验，即从自身出发来育儿，而不是从时代发展、孩子所生活成长的环境出发，所以出现不少育儿问题，比如当前社会上存在的"巨婴"等现象。

最突出的问题是，当下中国的家庭教育有很多是围绕升学竞争这一目标进行的。无论是城市还是乡村；无论是精英群体还是草根阶层，为了孩子能上好学校，多数家长恨不得替孩子把每一分钟都精准地计划好。

高明勇： 你认为"觉醒"主要指哪些方面，或有什么标志？

张贵勇： 我看到过一篇文章，呼吁得很有道理——中国的家庭教育需要接受一点教育价值的常识性启蒙。我以"觉醒"为关键词，就是希望越来越多的家长能觉察到时下流行的教育方式不好的一面，能够不断升级教育理念，改善教育方式，以儿童为中心，多站在孩子的角度看问题，践行科学育儿。

"觉醒"还有一层含义，即孩子不同成长阶段，父母的教育方式不是一成不变的，而是要不断调整角色，与孩子一起成长。

所以，这个"觉醒"既指向父母的观念、行动层面，也指向孩子的不同成长阶段、不同孩子的个性特点。

高明勇：你说"过于重视成绩，以考学作为成功标准，不了解孩子的精神世界，这些都是违背教育根本的"，这个观点我很认同。但有一个现实问题，不少父母其实并没有时间精力耐心去了解孩子的精神世界，而成绩又是看得见的，最后的结果就是只会关注"显性的成绩"，忽视"隐形的价值"。你如何看待？

张贵勇：这涉及父母对自身职责认识的问题。

父母与父母之间的差距，在现实中其实很大的。有的父母觉得生完孩子，就完成了自身职责，孩子交给老一辈，自己则做自己想做的事。

　　有的父母把希望寄托在孩子身上，希望孩子能考上名校，改变家庭乃至家族命运。因为功利心比较强，所以这部分父母更关注孩子"显性的成绩"，因为成绩与名校高度关联，与高端行业、高薪职位紧密相连。

　　有的父母对孩子没有那么高的期待，多希望孩子顺顺利利、平平安安、健健康康，往往以"散养"的方式育儿。

　　还有的父母不过度关注孩子的成绩，看重孩子快不快乐，潜能是否得到发展，与同学相处如何，有无奋进动力，是否自律自立自强，即教育重心放在孩子的身心和谐发展、精神发育上，尤其注重与孩子的联结。在我看来，这部分父母与孩子和谐相处，相知相爱，彼此珍视，一起成长，算是进入了家庭教育的佳境，值得敬佩。

　　以上几种常见的育儿方式，我们都可能遇见过，也深有感触。说到底，背后还是一个价值选择问题——我们是否珍视自己的父母身份，是否关注与孩子的联结，是否期待未来与孩子的关系。当父母把孩子的身心成长、获得感、成就感、幸福感放在重要位置，自身的行为就会发生改变，自然会更加在"隐性的价值"而不是"显性的成绩"上发力，也自然会尊重教育规律，与孩子共赴美好的生命之约。

高明勇：你和孩子在一起时，感到最焦虑和最无力的是什么时候？为什么？

张贵勇：最焦虑倒谈不上，因为我较早就有了放手意识，在我的孩子哲哲上中学时，我就告诉他"未来的路要靠你自己去走，我和你妈妈能做的就是做好后勤，祝福你"，所以即使孩子成绩不那么理想，也没有特别焦虑的心态。我知道他知道问题的轻重，会自己调节，找到自己的志业。

最无力的时候，应该说是哲哲初二时。那段时间，因为功课压力大，他有点厌学。而我对他看似消极的心态有点担忧，有时候方式不当，不但没激励他奋进，反而恶化了我们的亲子关系。看他整日把自己关在房间里，我感到非常无力。

也就是那时候起，我意识到对进入青春期的孩子，不能强迫，不能从父母的意志出发，而是要多站在孩子的角度看问题，多关心而不是批评他，让他主动找自己，而不是总想着给孩子上思政课。

高明勇： 你这些作品，爱人和孩子都看过吗？他们有什么看法和感想？

张贵勇： 他们对我的育儿书不是很关注。

我爱人在我新书出版后，翻阅了一遍后评价道："写得还行，但你可以写得更好，例如在孩子的心理变化方面。"之后就很少跟我谈新书的话题了。

我曾问过哲哲对这本书的感受，他问我稿费多少，有没有他的一份。

高明勇： 在中国，在育儿问题上，有些时候可能是夫妻之间，或者父母与上一辈之间，教育理念的不同导致分歧，你遇到过吗，如何解决的？

张贵勇： 遇到过。因为我岳母一直与我们生活在一起，因此在孩子的教育上的确有一些分歧。

我的处理办法是尊重老人的意见，但也会和孩子沟通，不同的人有不同的立场、观点、考量，有不同的看问题角度。我们要充分倾听他人意见，但最终选择权在于我们，通过比较分析、现实中的体验等方式来判断孰对孰错，再选择最适合自己的成长方式。

我和我爱人也有一些分歧，在哲哲小时候比较多，现在比较少。原因是一开始不太懂得夫妻之间深入沟通的重要性，即在育儿上没有达成一致。后来慢慢意识到，和爱人理念如果不一致，会产生很多麻烦。于是，在面对孩子之前，我们会沟通形成共识，其中涉及谁后退一步的问题。

一开始，我可能碍于面子，不肯妥协。但时间长了，发现承认错误没什么大不了，反而自己有种从壳子里跳出来、挣脱枷锁的感觉。因此，与爱人再发生冲突时，我学会了主动让步、耐心沟通、温和相待。

高明勇：你说在和孩子出现"激烈的对抗"后，开始"重新思考为人父母的意义，去寻找做父亲的门道。"父母和孩子的关系出现罅隙，应该是不少家庭都会遇到的情况，我想知道你的方法是什么？或者说是什么驱使你走出这种"对抗"?

张贵勇:哲哲初二时,我和他的关系降到冰点,一开始大吵,乃至就差动手;后来是互不交流,冷战,彼此看不顺眼。

背后的原因,我反思的结果是,我还是想像小时候那样控制孩子,让他听我的话,让他按照我觉得好的路去走。而遭到孩子激烈的对抗,我觉察到,为人父母不能控制,控制是没有效果的,是注定要失败的。作为父母,要有意识地与孩子"掰开"——不是断绝关系那种,而是换一种方式与之相处。

所谓的"掰开",本质上就是逐渐放手。做父亲,不是把孩子掌控在自己手心,而是让孩子的精神立起来,有自己的梦想与追求,有足够的能力去追梦。

我的方法是给孩子写了一封诚恳的道歉信,检讨了自己在与他相处上存在的不足。然后,我与他聊了一次,把我真实的想法告诉他,也承诺不再暴力强迫,而是专心做好后勤、支持他成长。哲哲接受了我的道歉,从那以后,虽然我有时候管不住自己有所反复,但总体上我们的关系变得越来越好,相处融洽。

高明勇： 我有个观察，疫情及其防控导致很多家庭成员居家的时间大幅增加，父母远程办公，孩子天天网课，父母与孩子共处的时间几何级增长，这就导致不少家庭里面，父母与孩子的关系反而有些紧张，甚至更为严重。你如何看待这种悖论？

张贵勇： 这其实不是悖论，而是必然。不只是亲子之间，夫妻之间其实也是如此。

我们都是有个性、有自主意识的人，都需要一定的空间，也需要别人的尊重、认可。父母作为成年人，更是需要树立一定的权威，享受说一不二的那种感觉。长时间生活在一个空间，因为生活习惯、思维方式等不同，夫妻之间肯定会产生矛盾。

当下的孩子自主、民主意识很强，天生对所谓的"权威"不那么敬重，同一屋檐下朝夕相对，也一定会产生矛盾。

重要的是，如果不能从根源上反思，不能真正尊重孩子的人格，不能百分百相信孩子，不太会有理想的结果。从我的亲身经历看，有段时间我发现哲哲经常看手机，潜意识里我觉得他没有好好学习，于是冒出无名火，最终与哲哲爆发了激烈的冲突。很久后，我跟他谈当时的感受，他告诉我，事情并不像你想象的那样。其实他用手机不是打游戏，而是在查单词。

　　从他的话中，我反思自己还是犯了想当然的错误，没有做到真正相信孩子，看似合情合理的猜疑把亲子关系推向糟糕的境地。从那以后，我抱着真正相信的态度，全力支持孩子，看到孩子比较消极时，不会像以前那样生闷气，而是坦诚地把我的担忧说出来，以爱的口吻表达出来。这种情况下，哲哲也会坦诚与我沟通。

　　高明勇：这三年，你是如何陪伴孩子的？

　　张贵勇：疫情三年，我俩的矛盾很少，相处很融洽。即使被封控在家，我们也彼此鼓励，或者互开玩笑，化解压力。

　　最终的结果是，哲哲学习状态越来越好，我对他越来越放心，有一种汪曾祺所谓的"多年父子成兄弟"的感觉。

　　高明勇：关于孩子成长，我们常说学校教育、家庭教育、社会教育相结合的协同育人机制，但实际上，多种原因导致三者之间比例的失衡，家庭教育因各个家庭的不同情况，家长在孩子身上投入的时间和精力千差万别，有些家长可能确实因为种种原因没有多少时间去陪伴孩子，你有什么建议？

张贵勇：一个孩子的成长，家庭教育是根本，高质量的陪伴对于孩子而言特别重要，所以我希望父母能意识到陪伴的重要性，尽量不缺席、不缺位，呵护孩子的童年，庇佑童心健康长大。

现实中，不能陪伴孩子分两种，一种是因为父母工作的原因，如军人、警察等，长期不能在孩子身边。他们舍小家为大家，我们受益于他们的付出，应该抱持幼吾幼以及人之幼的态度感谢他们，向他们致敬。

还有一种父母是主观上的权利让渡，即把育儿责任推给他人，如家中的老人或者辅导班的老师。这种是不可取的，也迟早会吃苦头，因为亲子关系一旦破裂，再修复如初，很难很难。

我的建议就是这部分父母要重新认识自身使命、家庭教育的重要性，认识到陪伴孩子的重要性。孩子其实是我们最重要的事业，孩子从小得到科学养育，养成好习惯，"三观"没问题，长大反而让父母少操心，甚至让父母感到荣耀，真正改善家庭状况。

而且，陪伴孩子成长，受益最大的是父母，享受到天伦之乐，看到童心之澄澈，无形中受到感染，更加热爱生活、享受生命。亲子关系好了，家庭氛围也会变好，心里舒畅，少生各种疾病，每一天都变得值得期待。

高明勇：十几年前我参加过一个教育研讨会，与会专家建议让年轻父母们"持证上岗"，意思就是如何养育孩子，是需要好好培训的。十几年过去了，这个问题其实是越来越突出的。持证上岗的问题，你怎么看？

张贵勇：持证上岗其实是一种不是那么温柔的劝诫，即希望父母在育儿上达到一定水准，有一定能力和科学的认识。

现实中，这个证由谁来发，如何考核，不好操作，毕竟每个家庭情况都有所不同。但父母要持续学习、持续更新教育观、持续提升教育能力，是客观要求。

所以，虽然没有机构量化父母做得好不好，但实际上孩子最有发言权。我们在育儿上是否过关、是否合格，哪方面做得不够好，不妨多问问孩子。如果父母保持开放的学习心态，随时代发展、社会变化、孩子成长而不断学习，就是合格的甚至是优秀的父母，在我看来就是持证在手的。

高明勇：你另一本书的书名《我就想陪你慢慢长大》，不瞒你说，我曾经计划以后出书时用这个说法，"你陪我变老，我陪你长大"，其实孩子的一生，关键在"陪"，重点在"慢"，我也曾随手记下孩子的"成长小事记"，也曾围绕孩子的童年写了一些诗歌，每年在孩子生日之际写一封信，用这些方式来"陪"，来让时间"慢"下来。你是如何"陪"，如何"慢"的？

张贵勇：这本书是记录哲哲初中之前的生活细节。陪伴青春期之前的孩子，相对比较容易。

学前六年，和孩子一起疯玩就好，父母自己化身为一个孩童，忘掉工作、忘掉赚钱，天马行空地想象、尝试各种游戏就好。

　　小学六年，陪伴中要有观察和引导，观察孩子的优缺点，引导孩子养成好习惯，重在发展其潜能和热爱生活、他人、世界的价值观。

　　陪伴的过程中的确不用急，慢下来也能真切地欣赏孩子的独特之处，才能享受到生活的美好。记得哲哲上幼儿园大班时，一次晚饭后我带他出去玩，他突然抬起头来，用手指向西边，说了一句"真美啊"。只见西天红彤彤的火烧云，的确非常非常美。

　　孩子都有发现美的眼睛，在这方面我们要拜儿童为师，是他们让我们不那么急功近利，不那么追求短平快，转而重新发现自我、生命、家庭的意义，重新体悟父子、父女一场究竟意味着什么。

　　陪孩子成长，其实也是不断修正自己的过程。在育儿过程中，你会觉察到自己隐在的问题。虽然成年后不那么明显，但这些问题一直在，无意识地阻碍你的发展。而关照孩子的成长，不断觉察、反思自己，能让你看清自己的问题，找到源头所在，进而从观念和行为上有所改变，即真正的自我觉醒。

到了这一阶段，与其说育儿，不如说教育孩子这个契机帮助自己加速完善自我，向更好的方向成长。

最后，谢谢明勇兄的邀请，很高兴参加政邦茶座，希望为人父母的都能和孩子友好相处，相亲相爱，享受每一天。

图书在版编目（CIP）数据

城市的角色：访谈四季/高明勇著．—武汉：华中科技大学出版社，2024.1

（政邦书库）

ISBN 978-7-5772-0241-9

Ⅰ．①城…　Ⅱ．①高…　Ⅲ．①城市规划-研究　Ⅳ．① TU984

中国国家版本馆 CIP 数据核字（2023）第 256302 号

城市的角色：访谈四季　　　　　　　　　　　　　高明勇　著
Chengshi de Juese：Fangtan Siji

策划编辑：郭善珊
责任编辑：董　晗　田兆麟
封面设计：伊　宁
责任校对：林宇婕
责任监印：朱　玢
出版发行：华中科技大学出版社（中国·武汉）　　电话：（027）81321913
　　　　　武汉市东湖新技术开发区华工科技园　　邮编：430223
录　　排：华中科技大学出版社美编室
印　　刷：湖北恒泰印务有限公司
开　　本：880mm×1230mm　1/32
印　　张：13.125
字　　数：203 千字
版　　次：2024 年 1 月第 1 版第 1 次印刷
定　　价：69.00 元